Karl Schrader / Rainer Dietrich

Gewächshäuser und Heizungsanlagen im Gartenbau

6 Farbabbildungen auf Tafeln
58 Schwarzweißabbildungen
36 Tabellen

Inhaltsverzeichnis

Gewächshausheizung

Gewächshausbau

Gewächshäuser sind keine Erfindung der Neuzeit. Vorläufer von Gewächshäusern gab es schon in der Antike. Damals dienten erste Bauten, welche passive Sonnenenergie nutzen, dazu, die Vegetationsperiode zu verlängern, indem sie Kulturpflanzen vor der kühlen Witterung schützten. Wintergärten erfuhren im England des 18. Jahrhunderts eine stärkere Verbreitung in Form luxuriöser Anbauten an Häuser und dienten zunehmend dem Anbau eingeführter exotischer Pflanzen aus den Kolonien in Übersee. Parallel dazu kam es etwas früher, ab dem 16. Jahrhundert, an den europäischen Fürstenhäusern in Mode, Orangenbäumchen und andere Zitrusgewächse in sogenannten Orangerien zu kultivieren. Diese besondere Form des Wintergartens diente natürlich auch Repräsentationszwecken, in erster Linie jedoch der Überwinterung der frostempfindlichen Pflanzen. Im 18. Jahrhundert wurden auch die ersten begehbaren Gewächshäuser (= Hochglas) gebaut, bei denen das Dach aus schräg gestellten Fenstern bestand, damit die Pflanzen möglichst viel Licht erhielten. Gleichzeitig begann der Anbau in Frühbeetkästen (= Niederglas), damals in Form von großen Holzkästen, die an der Oberseite mit Glasfenstern bedeckt waren.

1 Einteilungsmerkmale von Gewächshäusern

Begehbare Gewächshäuser (Hochglas) werden nach den in Tabelle 1 dargestellten Merkmalen eingeteilt.

1.1 Gewächshaustypen

1.1.1 Deutsches Normgewächshaus

Die deutsche Gewächshausindustrie wollte in den 1970er Jahren einen Standard für hochwertige Gewächshäuser im Gartenbau durchsetzen. Ziel war es, durch eine rationelle Serienanfertigung die Produktionskosten zu senken. 1971 wurde das deutsche Normgewächshaus nach DIN 11535 auf den Markt gebracht. In den 1990er Jahren fand eine Neubearbeitung der Norm statt. Die beiden ursprünglichen Normen wurden unter DIN V 11535-1 und -2 zusammengefasst. Mittlerweile gibt es die DIN EN 13031-1 vom September 2003, die von Deutschland jedoch noch nicht ratifiziert wurde.

Tab. 1 Einteilungsmerkmale von Gewächshäusern (nach DEGEN und SCHRADER 2009)

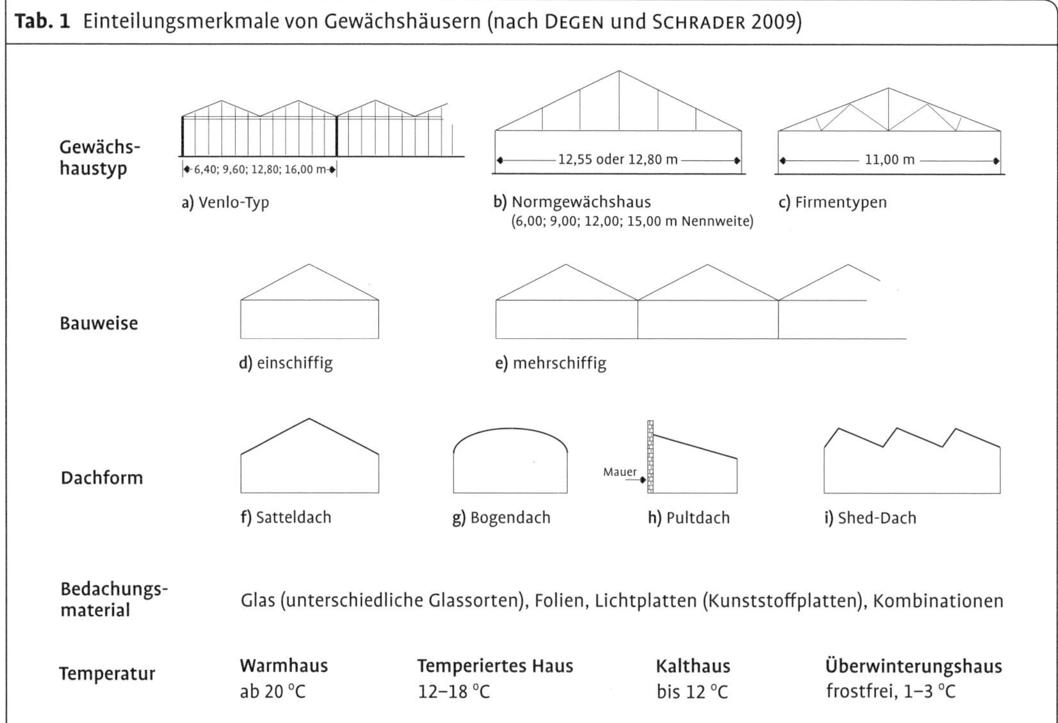

Gewächshaustyp	a) Venlo-Typ (6,40; 9,60; 12,80; 16,00 m)	b) Normgewächshaus (12,55 oder 12,80 m) (6,00; 9,00; 12,00; 15,00 m Nennweite)	c) Firmentypen (11,00 m)	
Bauweise	d) einschiffig	e) mehrschiffig		
Dachform	f) Satteldach	g) Bogendach	h) Pultdach (Mauer)	i) Shed-Dach
Bedachungsmaterial	Glas (unterschiedliche Glassorten), Folien, Lichtplatten (Kunststoffplatten), Kombinationen			
Temperatur	**Warmhaus** ab 20 °C	**Temperiertes Haus** 12–18 °C	**Kalthaus** bis 12 °C	**Überwinterungshaus** frostfrei, 1–3 °C

Tab. 2 Nennmaße des Normgewächshauses (nach SCHOCKERT 2003)

Nennmaße	Typ A		Typ B	
Rastermaß in Gebäudelängsrichtung (m)[1]	3,065			
Scheibenmaße (B × L) in m Dach Stehwand, Giebel	 0,60 × 1,74; 0,75 × 1,74 0,60 × 2,00; 0,75 × 2,00		 0,75 × 1,74 0,75 × 2,00	
Dachneigungswinkel[2]	α = 24°		α = 26° (= 1 : 2, d. h. das Verhältnis halbe Gewächshausbreite zu Dachhöhe beträgt 2 : 1)	
Anzahl Dachscheiben	3	4	3	4
Haus-Nennbreite (m)[3]	9,00	12,00	9,00	12,00
Dachschenkellänge (m)	5,22 (3,00 × 1,74)	6,96 (4,00 × 1,74)	5,22	6,96
Binderstützweite = Achsmaß (m)[4]	9,60	12,80	9,41	12,55
Firsthöhe (m)	4,42	5,13	4,63	5,41

[1] Der Binderabstand (Abstand von Bindermitte zu Bindermitte in Längsrichtung = **Rastermaß**) hängt von der Scheibenbreite und dem Sprossenabstand ab. Bei einer Scheibenbreite von 0,60 m beträgt der Sprossenabstand unter Berücksichtigung der Stegbreite der Sprosse und der Toleranzen 0,613 m. Dadurch ergibt sich bei 5 Scheiben von 0,60 m Breite pro Binderfeld ein Binderabstand von 3,065 m (0,613 m × 5). Bei größeren Stützenabständen müssen die Dachbinder durch Traversen abgefangen werden. Der Stützenabstand kann dann zum Beispiel 6,13 bis 12,26 m (also immer ein Vielfaches von 3,065 m) betragen. In letzter Zeit hat sich auch ein Binderabstand von 4,00 m etabliert.

[2] Die Standarddachneigung beträgt 24°. Optimal sind Dachneigungen zwischen 24 und 26,5°. Dann sind Lichteinfall, Beheizbarkeit, Regendichte, Kondenswasserabführung und das Abrutschen von Schnee optimal gewährleistet. Bei flacheren Dachneigungen gibt es in erster Linie mit der Regendichte, der Verschmutzung und dem Kondenswasserablauf Probleme.

[3] Diese **Nenn-Schiffbreiten** sind in der DIN V 11535-2 aufgeführt.

[4] Die **Binderstützweite** ist abhängig von der Dachscheibenlänge und vom Dachneigungswinkel.

Anders als in der Norm aufgeführt, werden heute Scheibenbreiten bis 2,00 m angeboten. Dadurch nehmen die Anzahl der nötigen Sprossen pro Binderfeld ab und die Lichtdurchlässigkeit der Gewächshauskonstruktion zu. Insgesamt sind deutlich höhere Stehwände (bis 5,00 m) üblich als früher. Das klassische Normgewächshaus spielt aus Kostengründen im Produktionsgartenbau kaum noch eine Rolle. In vielen modernen Verkaufseinrichtungen sind jedoch an das Normgewächshaus angelehnte Typen zu finden.

Bei vielen Anbietern wird dieser Gewächshaustyp heute als Breitschiffhaus geführt. Es kann am flexibelsten an die Bedürfnisse des Gärtners angepasst werden, was sich jedoch im hohen Anschaffungspreis niederschlägt.

1.1.2 Venlo-Gewächshaus (= Kappengewächshaus)

Kennzeichnend für diese niederländische Leichtbauweise ist eine Nennbreite (= Kappenbreite) von 3,20 m (je nach Anbieter auch 4,00 m). Durch Gitterunterzüge kann die Stützweite auf 6,40 bis 18,00 m erweitert werden.

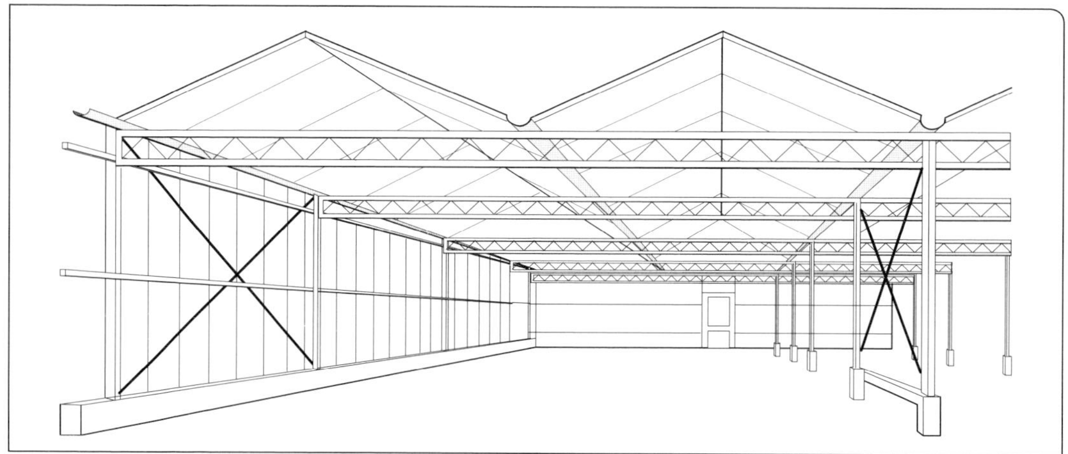

Abb. 1 Venlo-Gewächshaus mit Gitterbindern (aus DEGEN und SCHRADER 2009).

Diese preiswert zu erstellenden Gewächshäuser liefen dem Normgewächshaus den Rang ab. Sie kosten bei gleicher Grundfläche und gleicher Ausstattung nur etwa halb so viel wie Breitschiffhäuser.

Holländische Venlohäuser

Das klassische Venlo-Gewächshaus basiert auf Elementen des Frühbeetkastens. Frühbeetfenster wurden damals auf eine Rohrkonstruktion aufgelegt und durch Klammern verbunden. Die Lüftung erfolgte durch einzelne aufgestellte Scheiben. Da dieser neue „Gewächshaustyp" in der holländischen Region Venlo „erfunden" wurde, leitet sich davon auch der Name dieser Konstruktion ab. Die Breite eines Einzelsegmentes von 3,20 m (= Gewächshausgiebel = Kappe) ergab sich aus den Maßen der Frühbeetfenster (Scheibenlänge 1,74 m) bei einem Dachneigungswinkel von 24° und ist noch heute Grundlage des gängigen Breitenrasters von Venlo-Häusern (3,20, 6,40, 9,60, 12,80 m usw.). Um Einschränkungen bei der Raumnutzung durch störende Stützen zu vermeiden, arbeitete man mit Gitterbindern, auf welche die einzelnen Segmente aufgesetzt wurden. Die ersten, relativ niedrigen Häuser waren schlecht zu lüften und die Pflanzen erhielten wenig Licht. Moderne Konstruktionen weisen bei Stehwandhöhen bis 5,50 m ein deutlich größeres Luftvolumen auf und sind entsprechend besser zu klimatisieren. Mit Scheibenbreiten bis 1,50 m wurden weitere Verbesserungen bei der Lichtdurchlässigkeit erzielt. Auch über breitere Kappen (bis 4,80 m) sowie schmalere Rinnen und Sprossen konnte die Lichtdurchlässigkeit gesteigert werden.

Deutsche Venlo-Häuser

Die preisgünstige holländische Bauweise fand bald Nachahmer in Deutschland. Allerdings musste die Statik den strengeren deutschen Vorgaben angepasst werden. Auch war die Lüftung für deutsche

Klimaverhältnisse nicht ausreichend. Die Firma Gabler brachte Mitte der 1970er Jahre das sogenannte Polyvenlo-Haus auf den Markt (Kappenbreite 3,20 m, Stehwandhöhe 2,80 m). Heute sind auch bei deutschen Herstellern Stehwandhöhen über 5,00 m üblich.

Cabriohaus

Eine Variante des Venlo-Hauses ist das sogenannte Cabriohaus. Dieser Haustyp vereint die Vorzüge der Freilandkultur mit den Vorteilen des Gewächshauses. Diese Offendach-Konstruktion lässt sehr hohe Luftwechselzahlen zu. Als Folge der UV-Einstrahlung können Pflanzen abgehärtet werden und Laubblätter bilden eine dickere und widerstandsfähigere Kutikula, was Auswirkungen auf den Schädlingsbefall hat. So haben Gemüse-Jungpflanzenproduzenten beobachtet, dass der Befall durch die Kohlfliege im Cabriohaus geringer ist, denn sie bevorzugt weichere Blattoberflächen. Bei ungünstigen Wachstumsbedingungen kann das Dach auch nachts kurzfristig geschlossen werden, um Niederschläge in Form von Regen, Nebel oder Tau von den Pflanzen fern zu halten. Die Folge ist ein geringer Pilzbefall. Die beiden Beispiele zeigen, dass durch geeignete Gewächshausbauweise der Einsatz chemischer Pflanzenschutzmittel verringert werden kann. Bei Zierpflanzen ist die Farbausbildung bei Blüten und Früchten im Cabriohaus intensiver. Gemüsejung- und Zierpflanzen zeigen außerdem ein langsameres Wachstum und einen kompakteren Habitus, was bei letzteren zu einem verringerten Hemmstoffeinsatz führt.

Die aufwendige Konstruktion ist deutlich teurer als einfache Venlo- oder Folienhauskonstruktionen. Bei Starkwind oder Sturmgefahr sollte ein Cabriohaus im Dachbereich aus Sicherheitsgründen geschlossen sein. Trotzdem kann zur Vermeidung eines Wärmestaus, z. B. auch bei Regen, wenn die Dachfläche geschlossen bleiben muss, ein Lüftungsbedarf bestehen. Abhilfe bieten zusätzliche Lüftungsmöglichkeiten an den Steh- und Giebelwänden.

Hinsichtlich des Dachöffnungssystems können folgende Varianten unterschieden werden (die Ausführung hängt dabei wesentlich vom Eindeckmaterial, z. B. Glas, Folie, Platten) ab:

- Bei Cabriogewächshäusen werden die beiden Dachhälften in eine fast senkrechte Stellung über der Rinne auseinandergeklappt (z. B. bei Ammerlaan → www.gewaechshausbau.com, Kräss GlasCon → www.kraess.de). Die Dachschenkel können zum Lüften auch nach einer Seite zusammen geschoben werden. Das Firstprofil ist bei dieser Variante als Scharnier ausgebildet. Der bewegliche Dachschenkel besitzt Kunststoffrollen, die beim Öffnen über die Gitterbinder geführt werden (z. B. Deforche → www.deforche.de, van den Heuvel → www.heuvel-folie-serres.com).
- Beim Skylite-Haus, einer Sonderform, die zu den Breitschiffkonstruktionen gehört, können alle Scheiben im Dachbereich bis zur

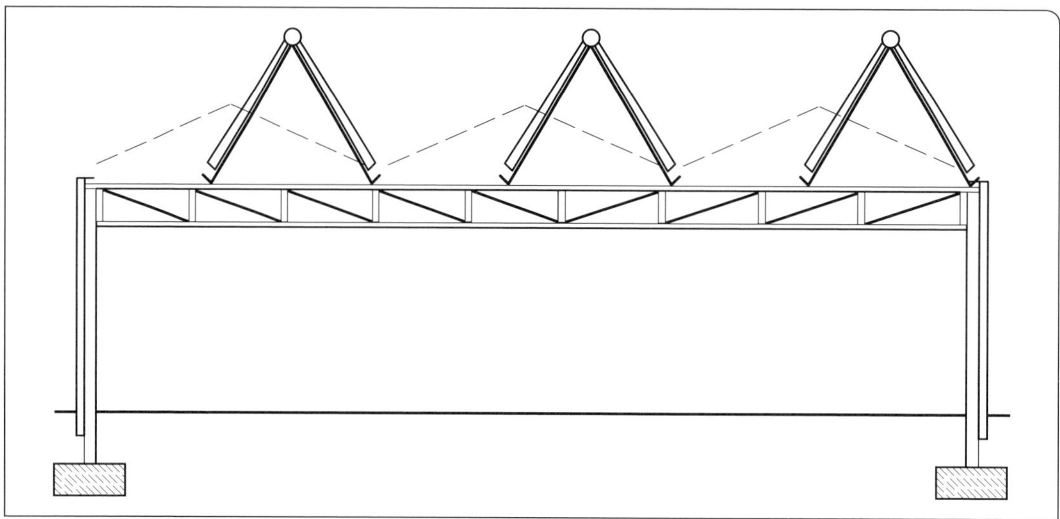

Abb. 2 Cabriohaus (aus Degen und Schrader 2009).

Senkrechten hochgestellt werden. Dadurch lassen sich bis zu 98 % der Dachfläche öffnen (z. B. Siedenburger → www.siedenburger.de).

- Bei Folienhäusern kann die zur Eindeckung verwendete Folie beidseitig auf von Elektromotoren angetriebenen Wellen vollständig bis zum First auf- bzw. hochgewickelt werden (z. B. Rovero → www.rovero.nl, van der Hoeven → www.vanderhoeven.nl).
- Bei Folienhäusern ist zum „Zusammenraffen" der Folie auch eine ähnliche Konstruktion möglich, wie man sie von Energieschirmen kennt.

1.1.3 Folienhäuser

Der Anteil der Folienhäuser hat in den letzten Jahren in Deutschland zugenommen und liegt bei etwa 25 bis 30 % an der Gesamtgewächshausfläche von etwa 1000 ha. Hauptgrund für die Zunahme ist der meist günstigere Preis im Vergleich zu Glasgewächshäusern. Zusätzlich lassen sich viele Folieneigenschaften durch Einsatz spezieller Zuschlagstoffe (= Additive, siehe Kap. 3.4) verbessern und an die pflanzenbaulichen Anforderungen anpassen. Die stärkste Verbreitung finden Foliengewächshäuser in Deutschland im Gemüse- und Zierpflanzenbau, gefolgt von Baumschulen. Jungpflanzenproduzenten, Baumschulen und Gartencenter nutzen außerdem Sonderformen, z. B. Klimahallen.

Fundamente

Die früher häufig verwendeten Schraubanker sind heute nur noch bei ganz einfachen Folientunneln anzutreffen. Standard sind Punktfundamente oder Streifenfundamente.

Klimahallen (Schattenhallen)

Klimahallen bestehen aus einer konventionellen Gewächshausunterkonstruktion, die statt einer festen Dacheindeckung ein bewegliches und wasserundurchlässiges Gewebe im Dachbereich besitzt (z. B. wasserundurchlässiges QLS-Ultra-Gewebe von Svensson). Bei gutem Wetter kann das Dach vollständig geöffnet werden, was den Kunden ein angenehmes „Freigefühl" verschafft. Bei schlechtem Wetter fährt das Dachgewebe automatisch zu. Auch die Außenwände können offen gelassen (optimaler Luftwechsel!) oder mit Schiebetüren oder beweglichen Twinschirmen versehen sein. Der Preis dieser Konstruktion liegt bei 75 bis 100 € / m² (bis 500 m²). Das Dachgewebe verschmutzt allerdings relativ schnell und muss daher häufig gereinigt werden. Außerdem ist die Lebensdauer mit fünf bis sieben Jahren begrenzt.

Tragende Konstruktion

Das Tragwerk besteht in der Regel aus Rund-, Oval- oder Rechteckrohren. Rund- oder Ovalrohre sind besonders bei gebogenen Dachformen zu finden, da mit diesen kleinere Radien möglich sind. Satteldachkonstruktionen basieren dagegen meist auf Rechteckkonstruktionen. Entscheidendes Qualitätsmerkmal ist die Materialstärke. Davon hängen Stabilität und Preis ab. Hinsichtlich der Belastbarkeit der Konstruktion sollten auch mögliche Pflanzenlasten berücksichtigt werden. So erreichen zum Beispiel reifende Tomaten ein so hohes Gewicht (bis zu 25 kg / m²), dass schwächer ausgeführte Verstrebungen nachgeben könnten.

Eindeckmaterial

Am weitesten verbreitet ist koextrudierte Einfach- oder Doppelfolie aus Polyethylen. Während Einfachfolie vor allem bei Folientunneln und nicht beheizten Häusern verwendet wird, findet man aufgeblasene Doppelfolie bei beheizten Folienhäusern. Das über einen kleinen Ventilator erzeugte Luftpolster trägt entscheidend zur Isolation bei. Beim Ansaugen der Luft ist zu beachten, dass diese nicht aus dem Inneren des Gewächshauses stammt. Die feuchte Innenraumluft kondensiert sonst an der kalten äußeren Folie. Da das Kondenswasser nicht abfließen kann, sammelt sich das Wasser über einen längeren Zeitraum in Form größerer Wassersäcke. Das Wasser kann nur durch

Koextrusion

Verschiedene Zusätze (Additive) vertragen sich bei der Herstellung nicht miteinander. Das umgeht man, indem mehrere Folienschichten mit unterschiedlichen Eigenschaften zu einer Folie kombiniert werden. Dieses Herstellungsverfahren bezeichnet man als Koextrusion.

Aufschneiden der Folie beseitigt werden. Auch Luftpolsterfolie wird häufig auch als Eindeckmaterial für beheizte Häuser verwendet.

Hausform

Um die Fläche des Folienhauses optimal ausnutzen zu können, sind gerade Stehwände nötig. Maschineneinsatz bei der Bodenbearbeitung ist dann leichter möglich. Bei Häusern mit Tischen sind die Flächenverluste geringer.

Bauarten

Von der Industrie werden Folientunnel und Foliengewächshäuser angeboten. Die Unterscheidungsmerkmale sind in Tabelle 3 aufgeführt. Hochwertige Folienhäuser mit kompletter Heizung und Inneneinrichtung für die Ganzjahresnutzung stellen eine Alternative zum Glasgewächshaus dar.

Tab. 3 Unterscheidungsmerkmale von Folientunneln und Foliengewächshäusern (Brunko und Wachmann 2007)

	Folientunnel	Foliengewächshäuser
Bauform	– Rundbogentunnel – einschiffig	– Gewächshäuser mit Stehwand, Satteldach, Rundbogen- oder Spitzbogendach – ein- und mehrschiffig
Abmessungen	– Hausbreiten bis 9,00 m – Firsthöhen bis 3,00 m	– Hausbreiten bis 12,00 m – Stehwandhöhen bis 4,50 m – Sondermaße möglich
Fundamente	– Folie eingegraben – Erdanker – Punktfundamente	– Punktfundamente – Streifenfundamente
Konstruktion	– Rohre	– Rohre – Profile – Statik nach DIN 11535 / DIN 1055
Eindeckung	– Einfachfolie – Doppelfolie – Kunststoffplatten	– Einfachfolie – Doppelfolie – Luftpolsterfolie – Kunststoffplatten – Schlauchfolie
Lüftung	– Giebellüftung – Seitenlüftung	– Giebellüftung – Stehwandlüftung – verschiedene Firstlüftungen bis zum ganz öffnenden Dach
Technische Ausrüstung	– meist ohne Heizung – oft mobile Luftheizgeräte – Bewässerungs- und Düngungssysteme	– Komponenten der technischen Ausrüstung bis zur Komplettausrüstung zur gesteuerten Klimaführung und Pflanzenernährung

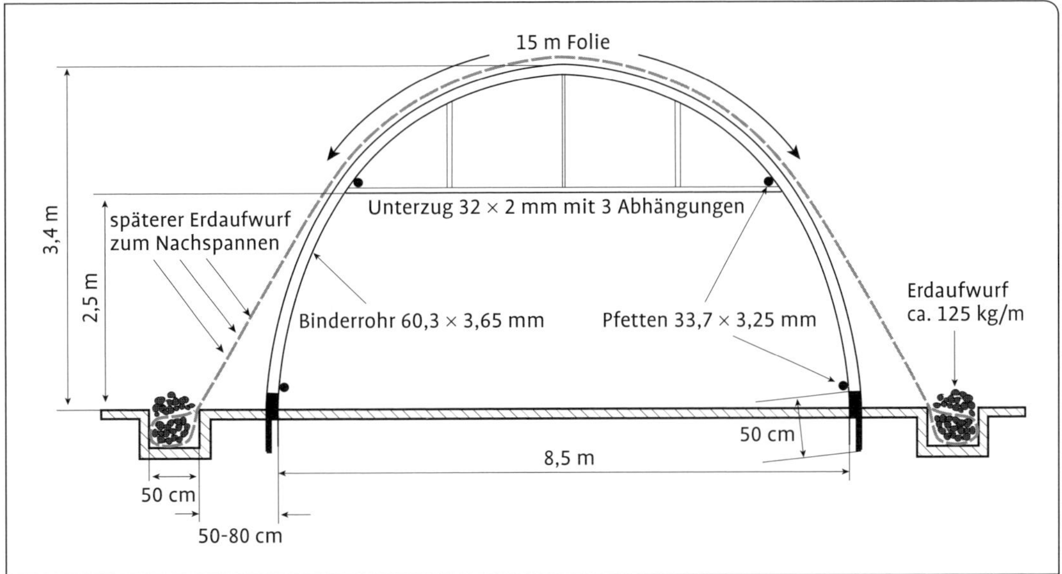

Abb. 3 Konstruktionselemente eines preiswerten Folientunnels (aus DEGEN und SCHRADER 2009).

Folientunnel. Verbreitet sind Rundbogenkonstruktionen mit oder ohne Zugband. Als Binder werden meist Rohre bis 2 Zoll Durchmesser verwendet, wobei der Binderabstand bei 2,00 m liegt. Dieser einfache Haustyp wird in Einzelschiffbauweise erstellt. Hausbreiten bis 9,00 m bei einer Firsthöhe bis etwa 3,20 m sind üblich. Zur Befestigung dienen „Erdanker". Preiswerter ist es, die Folie auf beiden Seiten im Stehwandbereich 1,00 bis 1,50 m überstehen zu lassen, sie in einen Graben zu legen und mit viel Erde zu belasten.

Die Eindeckung kann mit Einfach- oder Doppelfolie erfolgen. Die Häuser werden über eine Giebel- und / oder „Stehwandlüftung" gelüftet, wobei man bei dieser Bauform eigentlich nicht von einer klassischen Stehwand sprechen kann. Aus Kostengründen ist dieser einfache Haustyp vor allem im Gemüsebau und in Baumschulen verbreitet. Ungünstig zu bewerten sind die kurze, gebogene Stehwand und die relativ niedrige Firsthöhe. Für diese Folientunnel sprechen der niedrige Preis (ab etwa 10 €/ m²) und die einfache und schnelle Montage ohne aufwendige Fundamente. Der Aufbau ist auch bei größerem Gefälle möglich.

Zugband (Unterzug)

Ein Unterzug oder Zugband oberhalb des Traufbereiches erhöht die Wind- und Schneestabilität eines Folienhauses. Außerdem ist im Gemüsebau das Aufbinden von Tomaten und Gurken möglich. Diese Elemente dienen auch als Auflage für Heizungs- und Bewässerungsrohre.

Foliengewächshäuser von einfacher Bauart. Diese Haustypen besitzen Rund- oder Spitzbogendächer sowie gerade Stehwände und sind mit einem Unterzug ausgestattet. Im Angebot sind Hausbreiten bis 10,00 m bei etwa 4,00 m Firsthöhe. Eine mehrschiffige Bauweise ist möglich. Für den Bau werden wie bei den Folientunneln Stahlrohre bis 2 Zoll Durchmesser verwendet. Die Fundamentierung erfolgt in der Regel über Punktfundamente. Folgendes Eindeckungsmaterial ist verbreitet: Einfachfolie, Doppelfolie (aufgeblasen), Noppenfolie, Kunststoffplatten. Zum Lüften der Häuser gibt es viele Möglichkeiten: Hochstellen von Dachelementen, Schaffung von Schlitzen durch Auseinanderschieben von Folienelementen, Aufrollen der Stehwandfolie, Stehwand-, Giebel-, Firstlüftung, Ventilatoren zum Absaugen der Warmluft. Diese Folienhäuser sind in allen Sparten des Gartenbaus zu finden. Die Anschaffungspreise beginnen bei etwa 20 €/ m².

Foliengewächshäuser von hochwertiger Bauart. Diese Haustypen besitzen Sattel- oder Spitzbogendächer bei Hausbreiten bis etwa 12,50 m und maximal 4,50 m Firsthöhe. Der Trend geht zu noch höheren Häusern. Für den Bau werden Stahlprofile und Rohre verwendet. Eine mehrschiffige Bauweise ist möglich. Die Fundamentierung erfolgt über Punkt- oder Streifenfundamente. Zur Eindeckung können sämtliche Folienarten oder Kunststoffplatten verwendet werden. Gelüftet werden die Häuser häufig über eine durchgehende Stehwandlüftung oder/ und eine ein- oder zweiseitige Firstlüftung. Die Anschaffungspreise beginnen bei etwa 50 €/ m². Diese technisch sehr hochwertigen Häuser werden überwiegend im Zierpflanzenbau für die intensive Ganzjahresnutzung eingesetzt.

1.2 Bauweisen

Man unterscheidet zwischen ein- und mehrschiffiger Bauweise (= Blockbauweise). Typisch für die Blockbauweise ist das aus Holland stammende Venlo-Gewächshaus (siehe Kap. 1.1.2). Mehrschiffige Gewächshausanlagen sind relativ preiswert zu errichten und durch einen geringeren Energieverbrauch als vergleichbare einschiffige Häuser gekennzeichnet. Ältere Modelle sind schlechter zu lüften und die Pflanzen erhalten weniger Licht.

1.3 Dachform

Günstig sind hohe Dächer, da das Klima in großen Räumen besser ist. Dies ist auch durch hohe Stehwände zu erreichen, was heute der Trend ist. Bei Gewächshäusern mit flacher Dachneigung ist die Schneebruchgefahr erhöht. Am meisten verbreitet sind das Sattel- und das Bogendach. Bei hochwertigen Folienhäusern gibt es häufig auch Spitzbogen-Konstruktionen, bei denen aufgrund der steileren Dachneigung Tropfenfall durch Kondenswasserbildung verringert ist.

2 Gewächshausbauteile und ihre Funktion

In Tabelle 4 und Abbildung 4 sind die wichtigsten Bauelemente eines Gewächshauses beschrieben.

Tab. 4 Gewächshausbauteile und ihre Funktion (Degen und Schrader 2009)

Bauteil	Material	Ausführung	Funktion
Fundament	– Stahlbeton	– Streifenfundament: streifenartig ausgebildetes Fundament, auf dem z. B. eine Wand „aufsteht" – Punktfundament (Betonfundamente müssen bis in frostfreie Tiefe von 80 cm reichen)	Überträgt das Eigengewicht des Gewächshauses, Winddruck, Schneelast usw. auf den Baugrund
Binder (Hinweis: Binder im Bereich der Dachschräge = Rahmenriegel)	– Feuerverzinkter Stahl	– Vollbinder mit I- bzw. Doppel-T-Profil – Gitterbinder (→ geringerer Stahlverbrauch) (Profil ist die Bezeichnung für die Querschnittsform von z. B. Stahlträgern; durch eine „Profilierung" werden Metallteile tragfähiger und verwindungssteifer)	Tragkonstruktion des Gewächshauses; Binder übertragen Kräfte und Lasten über die Stützen auf das Fundament
Pfette (= Längsunterzug)	– Feuerverzinkter Stahl – Aluminium	U- oder Z-Profil	Auflage für die Sprossen
Sprossen	– Feuerverzinkter Stahl (nur noch bei alten Gewächshäusern) – Aluminium	Spezielle Sprossenprofile	Auflage für Glasscheiben oder Kunststoffplatten
Windverband	– Feuerverzinkter Stahl	Winkelstahl- oder Rundstahl-Diagonalverstrebungen in den Binderfeldern, in der Stehwand und im Dach	Stabilisierung des Gewächshauses gegen Windkräfte
Zugband / Unterzug	– Feuerverzinkter Stahl	L-Profil oder Rundstahl	Erhöhung der Wind- und Schneestabilität; ermöglicht im Gemüsebau das Aufbinden von Tomaten und Gurken; Auflage für Heizungs- und Bewässerungsrohre

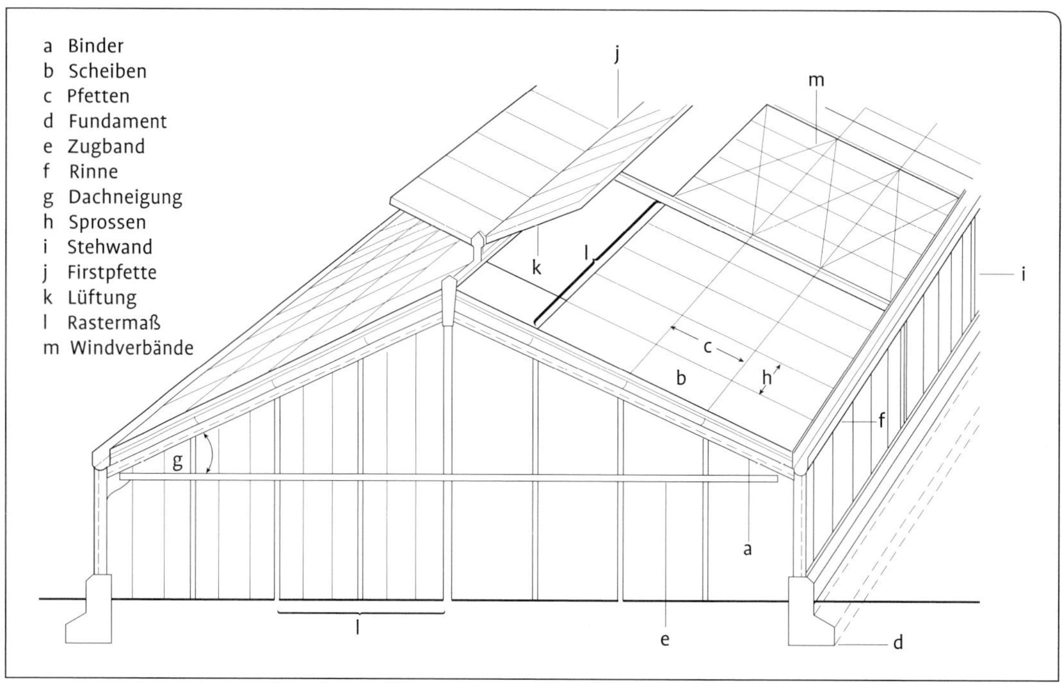

Abb. 4 Das Normgewächshaus und seine Bauteile (aus DEGEN und SCHRADER 2009).

3 Bedachungsmaterialien

Die meisten Gewächshäuser in Deutschland besitzen eine Glaseindeckung. Weltweit erfolgen dagegen nur 4 bis 6 % des geschützten Anbaus unter Glas. Alternativ werden Kunststoffe in Form von Platten oder Folien verwendet. In Kanada und den USA findet man in beinahe allen großen Gartenbaubetrieben Folienhäuser. Auch im europäischen Gartenbau wird viel mehr Folie verwendet als Glas. Der Gärtner hat bei allen Systemen die Wahl zwischen einer Einfach- oder Doppeleindeckung.

Die Abbildungen 5 und 6 geben einen Überblick über die Bandbreite der Eindeckmaterialien für den Gewächshausbau.

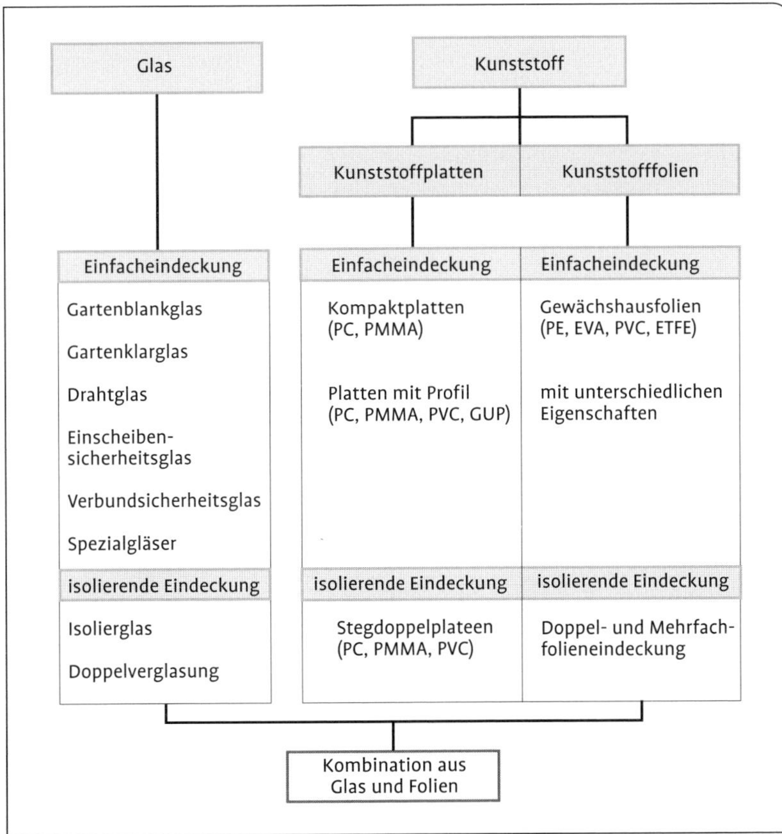

Abb. 5 Bedachungsmaterialien im Gartenbau (aus Degen und Schrader 2009).

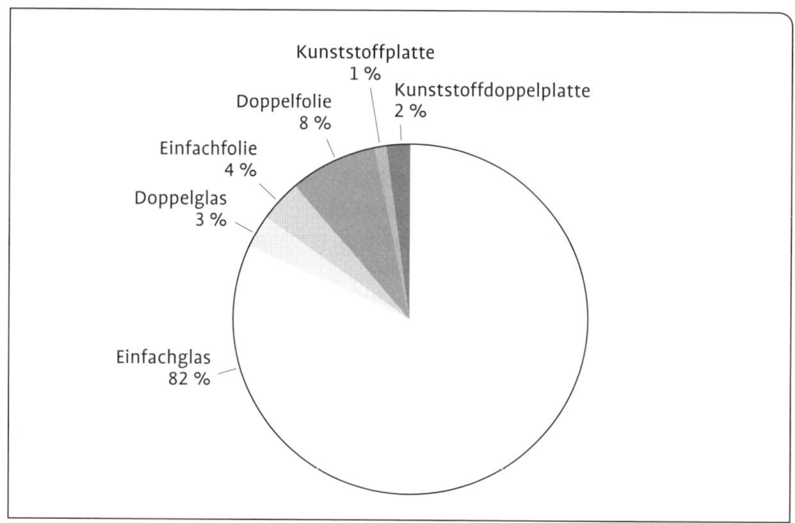

Abb. 6 Prozentuale Verteilung eingesetzter Bedachungsmaterialien (nach DEGEN und SCHRADER 2009).

3.1 Bedeutung des Lichts für das Pflanzenwachstum und das Gewächshausklima

Für Kulturen im Gewächshaus ist das Licht im Winter der begrenzende Wachstumsfaktor. Im Sommer führt der Lichteinfall allerdings häufig zu einer so großen Wärmezufuhr, dass das Gewächshaus schattiert werden muss (siehe Kap. 5).

Nachdem die Sonnenstrahlung die Atmosphäre passiert hat, kommt auf der Erde die sogenannte Globalstrahlung an, die sich aus der UV-Strahlung, dem Bereich des sichtbaren Lichtes und der nahen Infrarot-Strahlung (NIR = near infrared) zusammensetzt (direktes und diffuses Licht). Das entspricht einem Wellenlängenbereich von 290 bis 3000 nm. Die Atmosphäre filtert einen Teil der Sonnenstrahlung.

Pflanzenwachstum

Für das Pflanzenwachstum ist die sogenannte fotosynthetisch wirksame Strahlung (PAR, vom engl. photosynthetic active radiation) im Wellenlängenbereich von 400 bis 700 nm entscheidend. Dieser Strahlungsanteil macht nur etwa 30 % der Gesamteinstrahlung aus. Besonders wichtig sind dabei der blaue und der hellrote Anteil des Sonnenlichts.

Ultraviolettes Licht (1 bis 380 nm). Die Strahlung im ultravioletten Bereich wird unterteilt in UV-A (315 bis 380 nm), UV-B (280 bis 315 nm) und UV-C (unter 200 nm). UV-A und UV-B haben nur einen geringen Einfluss auf die Fotosynthese, wohl aber auf das Blattwachstum und die Ausprägung der Wachsschicht (Kutikula). Auch die Bildung des roten Blütenfarbstoffes Anthocyan hängt von der UV-

Einstrahlung ab. So zeigten rosa- bis lachsfarbige Pelargonien in entsprechenden Versuchen dunklere Blütenfarben, einen erhöhten Rotanteil sowie eine Farbintensivierung. Auch an gelb-grünen Blattpflanzen konnte eine Verstärkung der gelben Farbe und an rotlaubigen Pflanzen eine Intensivierung der roten Farbe beobachtet werden. Ein zu geringes Angebot an UV-Strahlung führt zu einem verstärkten Streckungswachstum. Die Pflanzen zeigen dünne Triebe. In hoher Intensität wirkt UV-B Pflanzen schädigend. UV-C zerstört Pflanzenzellen grundsätzlich, kommt auf der Erdoberfläche allerdings nicht vor. Eine ganze Reihe von Pflanzen reagiert sehr schnell mit Farbveränderungen der Blätter auf eine verringerte UV-Einstrahlung. Diese Indikator-Pflanzen zeigen auch ohne Messgeräte, dass die UV-Einstrahlung nicht ausreichend ist. Dazu gehören zum Beispiel *Codiaeum variegatum* oder *Coleus blumei*, deren farbenprächtig gezeichnete Blätter innerhalb weniger Wochen vergrünen.

Blau-Bereich (420 bis 490 nm). Ein hoher Blaulichtanteil verstärkt bei vielen Pflanzenarten die apikale Dominanz, eine von der Gipfelknospe ausgehende Hemmung des Austriebs der darunter liegenden Seitenknospen. Ein geringer Blaulichtanteil verstärkt die Seitentriebbildung.

Grün-Bereich (490 bis 575 nm). Innerhalb des PAR-Bereiches zeigt die Pflanze auf Strahlung dieses Wellenlängenbereiches die schwächste physiologische Reaktion.

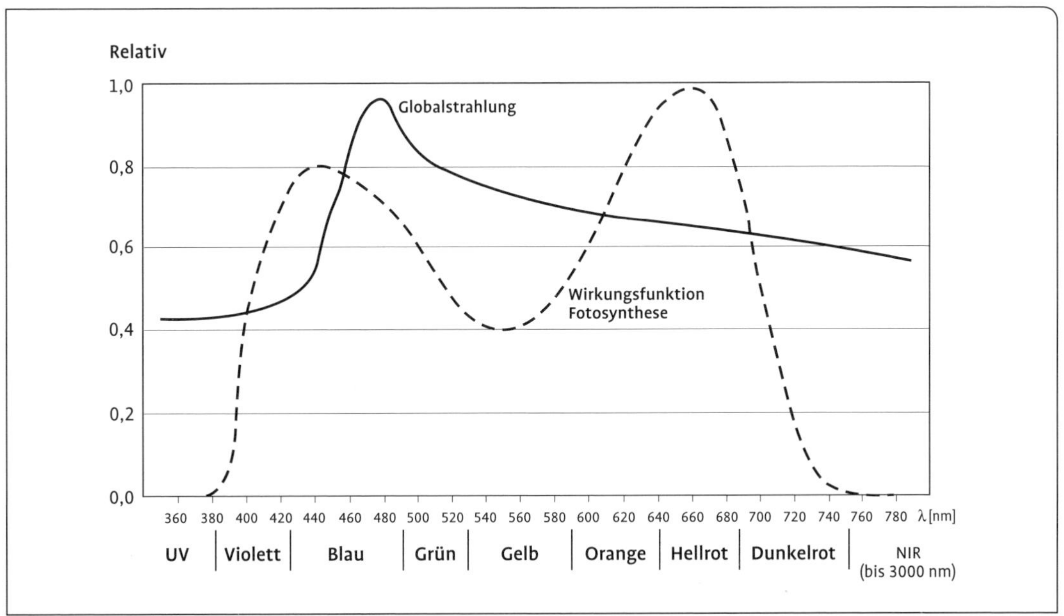

Abb. 7 Spektrum der Globalstrahlung und Fotosyntheseleistung der Pflanzen (nach DEGEN und SCHRADER 2009).

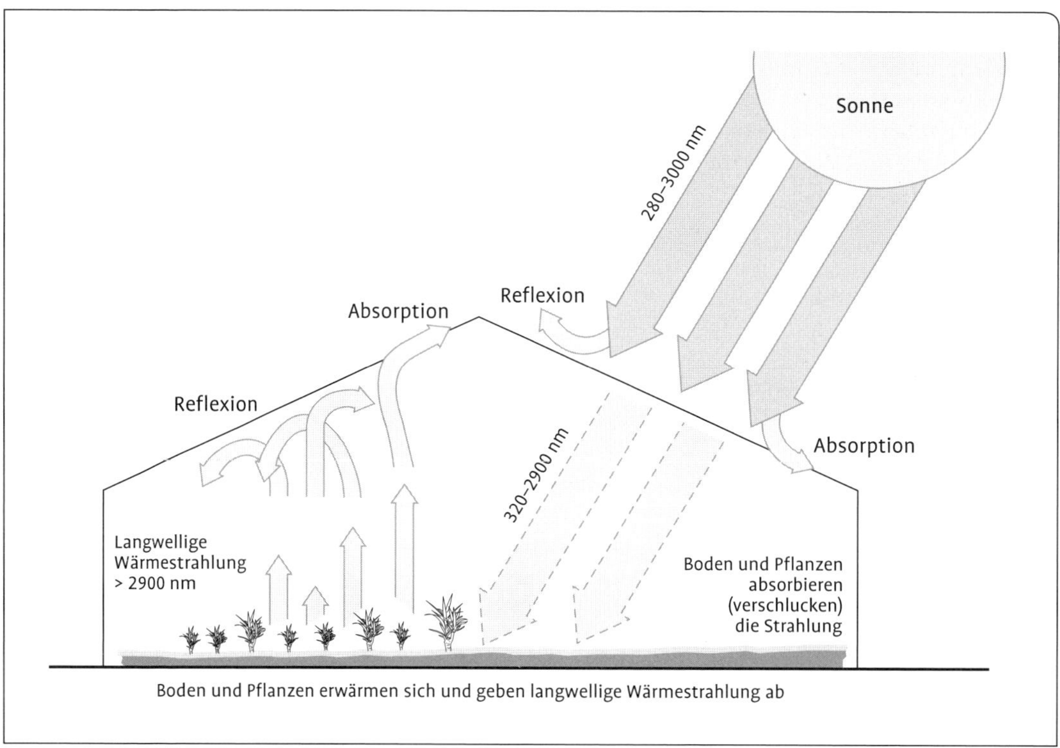

Abb. 8 Treibhauseffekt (nach DEGEN und SCHRADER 2009).

Rot-Bereich (650 bis 750 nm). Ein hoher Anteil dunkelroter Strahlung (730 nm) fördert bei Schatten meidenden Pflanzen das Streckungswachstum. Bedachungsmaterial mit einer speziellen Filterwirkung (NIR-Filterung) vermindert den **Dunkelrot-Anteil** der Zustrahlung und bewirkt dadurch einen kompakteren Pflanzenwuchs. Den gleichen Effekt hat auch elektrisches Zusatzlicht mit einem hohen **Hellrotanteil** (660 nm).

Nahes Infrarot (NIR, von engl. near infrared, 780 bis 3000 nm). Hier unterscheidet man den kurzwelligen NIR-Bereich (IR-A: 780 bis 1400 nm) und den langwelligen NIR-Bereich (IR-B: 1400 bis 3000 nm). Licht dieser Wellenlängenbereiche hat fast ausschließlich eine direkte Wärmewirkung und kann von den Pflanzen nur zu einem geringen Anteil direkt für die Fotosynthese genutzt werden.

Gewächshausklima

Wenn das sichtbare Licht in einem Wellenlängenbereich von 320 bis 2900 nm das Eindeckmaterial durchdringen kann, wird es vom Boden, von Pflanzenteilen oder Gewächshausbauteilen absorbiert (= „aufgenommen“) und in Wärme umgewandelt. Alle erwärmten Körper geben langwellige Wärmestrahlung ab, für die verschiedene

Materialien (z. B. Glas) nicht durchlässig sind. Diese Wärmestrahlung wird dadurch im Gewächshaus zurückgehalten. Dies bezeichnet man als **Treibhauseffekt**.

Alle aufgeheizten Flächen erwärmen die Luft im Innenraum durch Wärmeleitung und Wärmeströmung (Konvektion). Da in einem geschlossenen Gewächshaus nur wenig erwärmte Luft durch kalte Außenluft ersetzt wird, gibt es kaum Kühlung durch die Außenluft.

3.2 Glas

3.2.1 Glasherstellung

Glas ist durch Abkühlen einer Schmelze (etwa 1600 °C) aus Quarzsand (SiO_2, bis zu 74 %), Kalziumoxid (CaO, bis zu 9 %), Natriumoxid (Na_2O, bis zu 13 %), Magnesiumoxid (MgO, bis zu 3 %) und Aluminiumoxid (Al_2O_3, bis zu 3 %) sowie zahlreichen natürlichen Beimengungen entstanden. Es ist eine hochviskose Flüssigkeit.

3.2.2 Lichtdurchlässigkeit

Die Durchlässigkeit für Licht im Bereich der sichtbaren Strahlung beträgt bei Glas 89 bis 92 %. Dabei ist es jedoch fast undurchlässig für UV-Licht und für langwellige Wärmestrahlung.

3.2.3 Glasarten

Abhängig vom Herstellungsprozess werden **Floatglas** (von engl. „to float“ = schwimmen, schweben) und **Gussglas** unterschieden. Beim Floatprozess wird die Glasschmelze auf ein flüssiges Zinnbad gegeben. Dadurch entstehen Glasscheiben mit perfekten, glatten Oberflä-

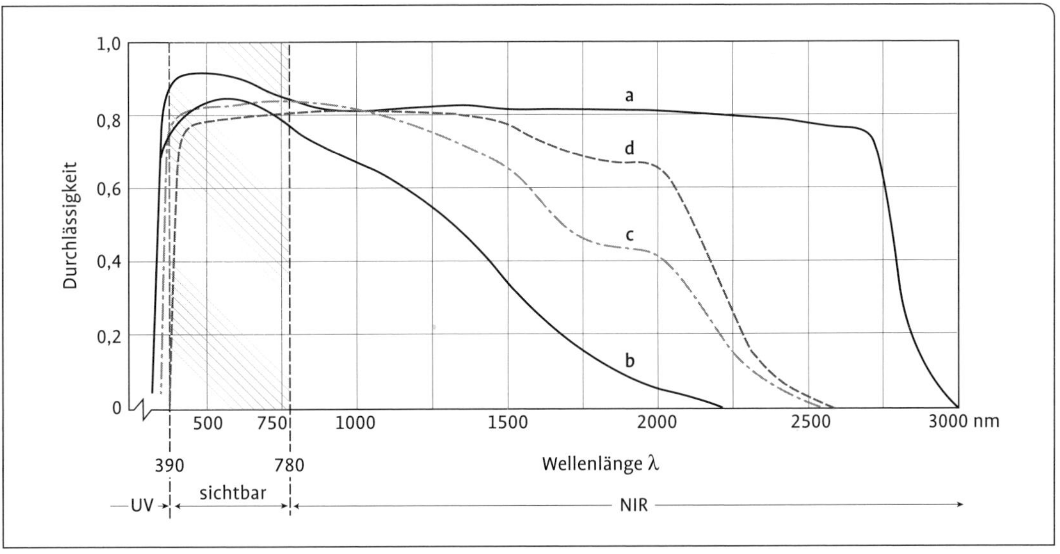

Abb. 9 Spektrale Durchlässigkeit verschiedener Bedachungsmaterialien:
a) Einfachglas,
b) beschichtetes Glas,
c) PMMA (SDP 16),
d) Polycarbonat-Doppelplatte (10 mm),
NIR = near infrared = Wärme- und nahe Infrarotstrahlung (aus DEGEN und SCHRADER 2009).

chen. Beim Gussglasverfahren wird die Glasschmelze durch Walzen gezogen. Das ermöglicht das Einprägen von Strukturen. Die früher gebräuchlichsten Glasarten im Gartenbau sind das **Gartenblankglas** und das **Gartenklarglas**.

Gartenblankglas ist auf beiden Seiten glatt, gleichmäßig dick und **durchsichtig**. **Gartenklarglas** ist ein im endlosen Bandverfahren hergestelltes Gussglas, bei dem eine Fläche glatt gewalzt und die andere mit einer Struktur versehen wird („**Nörpelung**"), sodass es **durchscheinend** ist. Die glatte Fläche soll, um stärkeren Verschmutzungen vorzubeugen, nach außen verlegt werden. Die Nörpelung bewirkt eine Streuung der durchgehenden Strahlung und mindert so Schlagschatten durch Gewächshausbauteile. Das dem normalen Fensterglas ähnliche Blankglas wurde eher in Gebieten mit höherer Luftfeuchtigkeit und dadurch natürlich gestreutem Licht eingesetzt. Klarglas, welches heute gar nicht mehr verwendet wird, war bevorzugtes Eindeckmaterial in Regionen mit starker Sonneneinstrahlung.

Durch eine bessere Nutzung des Lichtes in der lichtarmen Jahreszeit lässt sich Heizenergie sparen. Das ist durch größere Glasmaße und dadurch lichtere Gewächshauskonstruktionen möglich. Eine Voraussetzung dafür ist die Verwendung von **gehärtetem Glas** mit einer größeren Bruchsicherheit. Dieses ist mit etwa 10 €/m² doppelt so teuer wie Standard-Flachglas (4 mm).

Im **Standard-Flachglas** (Floatglas, Gartenfloat) sind etwa 0,05 % Eisenoxid als natürliche Verunreinigung des Quarzsandes enthalten. Erkennbar ist dies an einem leichten Grünstich des Glases, der besonders deutlich an der Schnittkante wahrgenommen werden kann. Vereinzelt weisen Quarzsandvorkommen einen merklich geringeren Eisenoxid-Anteil auf. Daraus geschmolzene Gläser (**low iron glass**) besitzen eine weiß erscheinende Stirnkante, wovon sich ihr Name, **Weißglas**, ableitet. Weißglas ist um rund 4 % durchlässiger für das gesamte Sonnenlicht als Normalglas, was den Heizenergiebedarf um etwa 2 % senkt. Die UV-Durchlässigkeit im UV-B-Bereich ist erhöht. Dadurch bleiben die Pflanzen kompakter (Einsparung von Hemmstoffen!). Außerdem erleichtert diese „UV-Abhärtung" bei Jungpflanzen den Übergang ins Freiland. Im PAR-Bereich unterscheiden sich Floatglas und Weißglas kaum.

Angeboten wird auch Glas mit einer erhöhten Durchlässigkeit für UV-B-Strahlung. Dieses Spezialglas („**Planilux-Diamant**") kann bei verschiedenen Pflanzenarten eine bessere Farbausbildung bewirken. Es besteht jedoch auch die Gefahr von Blattverbrennungen. Ähnlich wie beim Weißglas erreicht man diesen Effekt durch die Verwendung eisenarmer Quarzsande für die Glasschmelze. Versuche zeigen, dass weniger die spezielle UV-B-Durchlässigkeit, sondern eher das insgesamt höhere Lichtangebot für die Wirkung verantwortlich ist.

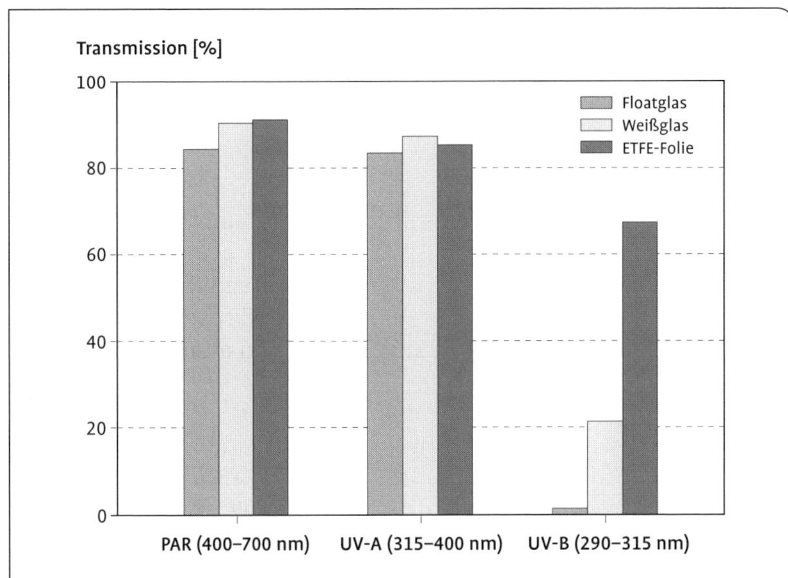

Abb. 10 Transmissionseigenschaften verschiedener Bedachungsmaterialien (nach ULBRICHT und LAMBRECHT 2008).

Wird Glas beidseitig mit einer Struktur versehen, entsteht eine mattierte Oberfläche mit diffuser Lichtdurchlässigkeit. Durch diese „Mikrostrukturierung“ werden die Pflanzen gleichmäßiger und indirekt bestrahlt, Schlagschatten durch Bauteile und Verbrennungen der Pflanzen bei intensiver Sonneneinstrahlung verringert.

Eine isolierende Wirkung kann durch die Verwendung von **Agriplus-(= HortiPlus)-Glas** erzielt werden. Dieses etwa 4 mm dicke Blankglas (Floatglas) ist auf einer Seite mit Zinnoxid beschichtet, was die Wärmeabstrahlung des Gewächshauses verringert (Einsparung nur bei trockenen Scheiben). Die beschichtete Seite muss nach außen zeigen. Die Energieeinsparung liegt bei etwa 19 %. Allerdings sinkt die Lichtdurchlässigkeit auf etwa 82 bis 83 %.

Mikrostrukturiertes Glas (MM-AR-Glas) = mikrostrukturiertes, antireflex-beschichtetes Weißglas = Solarglas

Eine höhere Lichtdurchlässigkeit ermöglicht auch Glas, welches beidseitig mit einer Antireflex-Schicht (**Antireflex-Coating**) beschichtet ist. Diese von Brillengläsern bekannte Technik war bisher für den Gartenbau zu teuer. Neue Verfahren, bei denen die Antireflex-Schicht nasschemisch aufgebracht und dauerhaft fest eingebrannt wird, sind deutlich günstiger. Die Lichtdurchlässigkeit kann auf rund 98 % gesteigert werden. Auch bei flachem Sonnenstand lässt Antireflexglas deutlich mehr Licht durch als normales Glas. Die Antireflexschicht besitzt außerdem Wasser abstoßende Eigenschaften. Entstehende Kondenswassertropfen zerfließen daher auf der Glasoberfläche. Der entstehende gleichmäßige Wasserfilm an der Glasinnenseite sorgt für eine bessere Lichtdurchlässigkeit als wenn Einzeltropfen sich auf Normalglas bilden und das Licht streuen. Auf der Außenseite zerfließen aufprallende Wassertropfen. Der entstehende gleichmäßige Wasserfilm bewirkt einen „Selbstreinigungseffekt“ und hält die Oberfläche deutlich sauberer als bei herkömmlichem Flachglas. Das Streben nach hoher Lichtdurchlässigkeit setzt ein regelmäßiges Reinigen der Scheiben voraus.

3.2.4 Verlegung

Gemäß der Gewächshausnorm 11535 muss die Verglasung lückenlos und genügend befestigt sein. Die Verkittung oder Abdeckgummis stellen nur eine Abdichtung und keine Befestigung dar. Das Glas muss daher gegen Windkraft und gegen Verrutschen, z. B. durch Sturmklammern, Haltestifte, S-Haken, zusätzlich gesichert sein. Bei älteren Gewächshäusern mit Stahlsprossen (T-Profilen) erfolgt die Abdichtung mit Spritzkitt auf Bitumenbasis. Moderne Gewächshäuser mit Aluminiumsprossen (Spezialprofile) werden kittlos verglast. Dabei liegen die Scheiben auf den Sprossenstegen. Die Abdichtung mit Kunststoffbändern ermöglicht eine relativ leichte Ausführung von Reparaturen. Sprossen mit Gummiauflage werden bei der Überkopfverglasung von Verkaufsgewächshäusern verwendet. Bei Venlo-Häusern arbeitet man in der Regel im Dachbereich mit selbst tragenden Stecksprossen ohne Pfetten. Die Scheiben werden ohne weitere Abdichtung seitlich in Aluminiumsprossen eingeschoben. Die Sprossen sind am Ende mit Aussparungen versehen und werden am First und der Rinne eingehängt. Dadurch kann man sie seitlich verschieben. Der Reparaturaufwand erhöht sich durch dieses System, denn um die eine Scheibe in der „Mitte“ des Daches auszutauschen, ist eine zweiteilige Reparatursprosse nötig. Ansonsten müssten alle anderen Scheiben vom Rand her zusammen mit den Sprossen entfernt werden, um an die defekte Scheibe zu gelangen. Um dies zu vermeiden, wird die auszutauschende Scheibe herausgeschlagen. Dann muss an die bisher vorhandene Sprosse der erste Teil der Reparatursprosse als „Scheibenauflage“ montiert werden. Von oben wird die neue Scheibe durch den zweiten Teil der Reparatursprosse gesichert.

Das „Stecksprossensystem“ ist relativ undicht. Um Wärmeverluste zu verringern, wird der oberhalb der eingeschobenen Scheibe liegende Sprossteil manchmal mit einem Abdeckstreifen isoliert.

3.3 Kunststoffplatten als Eindeckmaterial

Kunststoffplatten als **Einfachplatten** werden in der Regel mit Profilen hergestellt, um die Stabilität zu erhöhen. Verbreitet sind das Trapez- und das Wellenprofil (= Sinusprofil). Diese 0,8 bis 1,1 mm starken Platten werden nur noch selten verwendet. Gebräuchlicher sind **Stegdoppelplatten** (SDP), **Stegdreifachplatten** (S3P) oder **Stegfünffachplatten** aus Polycarbonat (PC) oder aus Acrylglas (PMMA = Polymethylmethacrylat → Handelsname Plexiglas®). Gemeinsam ist diesen Plattenarten, dass sie aufgrund der Lufteinschlüsse in den

Zwischenräumen eine bessere Isolierwirkung als Einfachplatten aufweisen. Nachteilig ist ihre im Vergleich zu Glas geringere Lichtdurchlässigkeit. Hinsichtlich der Lichtdurchlässigkeit schneiden Stegdoppelplatten aus Acrylglas noch am besten ab. Leider sind sie relativ teuer und erreichen mit B2 nur eine niedrige Brandschutzklasse. PC-Platten gibt es auch in B1-Ausführung.

1993 kam die Plexiglas Alltop®-Stegdoppelplatte auf den Markt. Diese Sonderform besitzt No-Drop-Beschichtungen auf beiden Seiten sowie in den Kammern und weist mit einer Lichtdurchlässigkeit von 91 % Werte auf, wie sie sonst nur mit herkömmlichen, einschaligen Verglasungen erreicht werden. Selbst für diffuses Licht beträgt die Durchlässigkeit 79,5 %. Die Alltop®-Platte ist außerdem UV-durchlässig. Die Hersteller garantieren eine Witterungs- und Alterungsbeständigkeit für mindestens zehn Jahre.

Tab. 5 Strahlungsdurchlässigkeit verschiedener Eindeckmaterialien (Degen und Schrader 2009)

Material[1]	Lichtdurchlässigkeit in % bei senkrechtem Lichteinfall	UV-Durchlässigkeit	IR-Durchlässigkeit
Glas			
Einfachglas, 4 mm	89 bis 92	–	–
Agriplus	82 bis 83	–	bei Trockenheit
Lichtplatten			
PVC-Lichtplatte (Well- und Trapezprofil)	85 bis 88	–	gering
Polyester-Lichtplatte (UP-GF[2])	85 bis 89	–	–
PMMA-SDP, 16 mm	84 bis 88	–	–
PMMA-SDP Alltop®, 16 mm	91	+	+ kurzwelliger IR-Bereich
PMMA-S3P, 16 mm	81	–	–
PC-SDP, 10 mm	77 bis 80	+	–
PC-S3P, 10 mm	72	+	–
Folie			
PE-Folie	92 bis 93	+	+ bei Trockenheit
PE-IR-Folie	86 bis 92	–	verringert
PE-UV-stabilisiert	89 bis 92	–	bei Trockenheit
EVA-Folie	91	–	verringert, abhängig vom VA-Anteil
ETFE-Folie	95	+	gering
PVC-Folie	87 bis 91	–	stark verringert

[1] zur Bedeutung der Abkürzungen siehe Text
[2] ungesättigtes Polyesterharz, glasfaserverstärkt
– undurchlässig
+ durchlässig

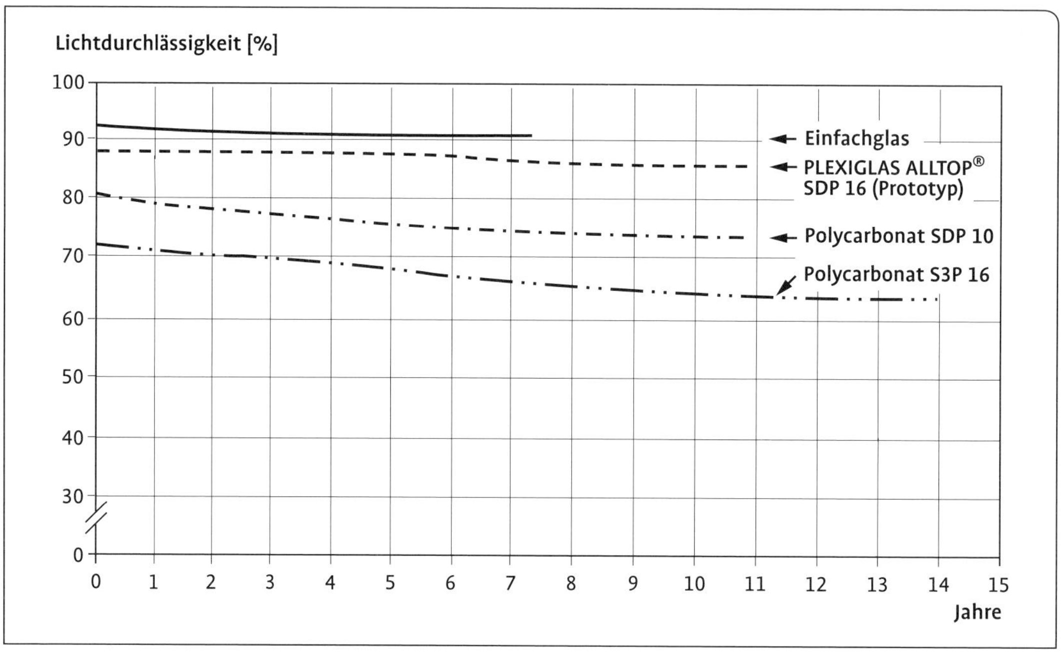

Abb. 11 Verlauf der Lichtdurchlässigkeit bei Alterung von Glas und steifen Kunststoffen für Gewächshauseindeckung (nach Institut für Technik in Gartenbau und Landwirtschaft der Universität Hannover 1999).

Der k-Wert liegt bei 2,8 W / m² × K, was Heizkosteneinsparungen bis zu 40 % ermöglicht. Bei hohen Energiekosten ist die Alltop®-Platte somit wirtschaftlich und wird häufig eingesetzt.

Die neu entwickelte **„ZigZag-Platte"** aus PC hat eine höhere Lichtdurchlässigkeit als herkömmliche Stegdoppelplatten und besticht durch einen hohen Isolierwert. Leider ist sie mit etwa 25 €/ m² relativ teuer.

Vor- und Nachteile von Kunststoffplatten

+ Können in größeren Breiten und Längen verlegt werden,
+ geringes Gewicht → leichtere Unterkonstruktion,
+ für Bogendächer geeignet und einfach zu verarbeiten,
+ meist gute Hagelfestigkeit,
+ UV-durchlässig,

– durch Alterung Abnahme der Lichtdurchlässigkeit (außer PMMA und PC),
– brennbar,
– Kondenswasserbildung → Tropfenfall, geringere Lichtdurchlässigkeit, außer bei spezieller Antitaubeschichtung.

3.4 Folie

3.4.1 Anforderungen an Folien

Kunststoffe altern und verlieren im Laufe der Zeit ihre günstigen Eigenschaften. Dieser Prozess wird durch zahlreiche Pflanzenschutzmittel beschleunigt. Gewächshausfolien müssen drei bis fünf Jahre halten und während dieser Zeit Belastungen durch Wind, Schnee und Sonneneinstrahlung standhalten. Dabei dürfen Lichtdurchlässigkeit und Zugfestigkeit nicht zu stark nachlassen.

DIN EN 13206
Die mechanischen und lichttechnischen Anforderungen, die eine Gewächshausfolie erfüllen muss, sind in der europäischen Norm DIN EN 13206 (2001) festgeschrieben.

3.4.2 Lichtdurchlässigkeit

Grundsätzlich sollen Folien eine möglichst hohe Lichtdurchlässigkeit aufweisen, weil davon unmittelbar die Fotosyntheserate der Pflanzen abhängt. Neue Folien erreichen bei der Lichtdurchlässigkeit Werte um die 90 %. Diese nimmt relativ schnell aufgrund von Staubanlagerung, Verschmutzung, Alterung oder Tropfenkondensation ab. Durch eine Reihe von Zusätzen versucht man diesen Erscheinungen vorzubeugen. Die höchste, auch lang anhaltende Lichtdurchlässigkeit weist ETFE-Folie (Teflon-Folie) auf. Sie lässt etwa 90 % der Strahlung des gesamten Wellenlängenbereiches (von UV bis NIR) passieren.

3.4.3 UV-Strahlung und Haltbarkeit der Folien

Eine nicht durch spezielle Zusätze stabilisierte PE-Folie (Baufolie) ist UV-durchlässig und hätte als Bedachungsmaterial nur eine Lebensdauer von 6 bis 12 Monaten. Die energiereiche UV-Strahlung zerstört die langen Molekülketten, aus denen PE besteht, und lässt die Folie sehr schnell altern. Durch verschiedene Zusätze kann die Folie vor der schädlichen Wirkung der UV-Strahlung geschützt werden. Die meisten Standardfolien blockieren durch Zusätze spezieller **UV-Absorber** (UV-undurchlässige Pigmente) einen Teilbereich der UV-Strahlung. Ein hoher UV-Absorber-Zusatz mindert jedoch die Durchlässigkeit für den Blau-Anteil der PAR-Strahlung. Beimengungen von Organo-Nickel-Verbindungen wirken ähnlich. Dieses als **Quenching**

Folien sollen folgende Anforderungen erfüllen:

- UV-Durchlässigkeit (UV-A, UV-B),
- über 90 % Lichtdurchlässigkeit,
- geringe Durchlässigkeit für langwellige Wärmestrahlung (IR-Strahlung),
- hohe Windstabilität und Reißfestigkeit,
- lange Nutzungsdauer,
- geringe Tropfenkondensation,
- günstige Bahnenbreiten und Verarbeitungsmöglichkeiten,
- günstiges Preis-Leistungs-Verhältnis.

bezeichnete Verfahren ist nur mit Substanzen möglich, die eingefärbt sind, was die Durchsichtigkeit der Folie vermindert. Zusätze sogenannter **Antioxidantien** (UV-Stabilisatoren) neutralisieren die schädlichen Effekte der UV-Strahlung, lassen diese jedoch durch die Folie passieren.

UV-durchlässige Folie eignet sich besonders für Baumschulen. Gehölze werden unter solchen Folien kompakter, zeigen eine bessere Blattausfärbung (z. B. *Acer palmatum*) und sind besser abgehärtet. UV-Licht verstärkt auch die Ausfärbung von Blüten und Früchten sowie die Aroma- und Duftstoffentwicklung einiger Pflanzenarten. UV-undurchlässige Folien stören den Orientierungssinn der Insekten. Das ist günstig, um die Virenübertragung durch Insekten zu verzögern, ungünstig ist es aber, wenn Hummeln zur Bestäubung eingesetzt werden sollen. Wird beispielsweise eine „farbige" Salatsorte wie 'Lollo Rosso' unter einer UV-undurchlässigen Folie angebaut, bleibt der Salat einfach grün, während er sonst eine kräftige Rotfärbung zeigt. Gehölze wie *Pernettya* und *Gaultheria* bilden unter UV-undurchlässiger Folie keine Früchte aus. Durch Mischen von Absorbern und Stabilisatoren kann bei der Folienherstellung genau eingestellt werden, wie viel UV-Strahlung durchgelassen werden soll.

3.4.4 Durchlässigkeit für langwellige Wärmestrahlung

Vor allem in der Nacht gibt ein Folienhaus, das mit einfacher PE-Folie eingedeckt ist, anders als ein Glas-Gewächshaus, ein erhebliches Maß an Wärmestrahlung ab. Die Pflanzen können dadurch so stark abkühlen, dass sie kälter sind als die sie umgebende Luft. An den kältesten Stellen im Gewächshaus, also den Pflanzenteilen, kondensiert jetzt die Luftfeuchte. Da viele Pilzsporen tropfbar flüssiges Wasser zum Auskeimen benötigen, nimmt der Krankheitsbefall zu. Spezielle Additive (s. o.) oder ein Zusatz von EVA (s. u.) verringern die Durchlässigkeit für Wärmestrahlung.

3.4.5 Mechanische Eigenschaften

Die Festigkeit einer Folie hängt in erster Linie von ihrer Dicke ab. Die meisten Folien sind zwischen 0,15 bis 0,20 mm stark. Einen Einfluss haben auch Zusatzstoffe (Additive). Viele Folien enthalten 4 bis 16 % **Ethylen-Vinyl-Acetat (EVA)**. Dieser Zusatz macht die Folie geschmeidiger und flexibler. Dann kann auch bei niedrigen Temperaturen auf dem Gewächshaus ein Folienwechsel ohne Beschädigungen vorgenommen werden.

3.4.6 Antitaueigenschaften

Kondenswassertropfen an der Gewächshausfolie sind ungünstig. Sie bewirken eine teilweise Reflexion des Sonnenlichtes. Das mindert den Gewächshaus-Effekt und den Pflanzen steht nicht das volle Sonnenlicht für die Fotosynthese zur Verfügung. Noch ungünstiger ist ein ständiger Tropfenfall, der die Pflanzen benetzt und das Substrat unterhalb der Tropfstellen vernässt. Um diese Erscheinungen zu vermeiden, gibt es bei der Folienherstellung besondere Zusätze, die die Oberflächenspannung des Wassers verändern. Aufgrund dieser Zusätze vereinigen sich die Wassertropfen mit benachbarten Tropfen zu einem dünnen Film, der an der Folie entlang abläuft (= **Wasserfilm-Kondensation**). Diese speziellen Folien sind z. B. als **No-Drop-Folie, Anti-Drop-Folie, Antitau-Folie** oder **Anti-Condensate-Folie** erhältlich. Die Wirkung dieser Zusätze lässt im Laufe der Zeit nach. Die Folien sind in der Regel nur einseitig behandelt und müssen mit der behandelten Seite nach innen aufgezogen werden.

3.4.7 Verschmutzung

Eine verschmutzte Folie lässt weniger Licht durch als eine saubere. Allerdings ist das Reinigen eines Foliendaches sehr aufwendig. Die Kosten für ein zweimaliges Reinigen sind so hoch, dass die Folie auch komplett getauscht werden kann. Zusätze mit der Bezeichnung **Antistatica** verringern die elektromagnetische Aufladung der Folie und damit das Verschmutzen und Verkleben der Folie. Im Idealfall kann der Schmutz dann durch Regen oder Kondensation abgewaschen werden.

Antistatica verringern die elektromagnetische Aufladung der Folie und damit deren Verschmutzen.

3.4.8 Handhabung / Einbau

Die Optimaltemperatur zum Einbau bzw. Wechsel der Folie liegt bei 15 bis 25 °C. Nach Möglichkeit sollte es windstill sein. Erfolgt der Einbau im Winterhalbjahr, muss die Folie im Sommer nachgespannt werden. Um die Lebensdauer der Folie zu erhöhen, sollten Löcher oder Risse sofort mit einem geeigneten Klebeband repariert und die Folie nach Stürmen nachgespannt werden. Eine schlecht gespannte Folie kann durch Flattern im Wind beschädigt werden. Auch die Unterkonstruktion hat Einfluss auf die Haltbarkeit der Folie. So sind scharfe Kanten, über welche die Folie gespannt oder gezogen wird, zu vermeiden. Bei Stahlrohr-Unterkonstruktionen soll die Auflagefläche möglichst groß (großer Rohrdurchmesser) und weiß gestrichen sein. Dieser Anstrich beugt einer zu starken Erwärmung der Unterkonstruktion und damit der Schädigung der Folie bei intensiver Sonneneinstrahlung vor. Einlagig verlegte Folien dürfen Metallbinder nicht direkt berühren. Dies kann gegebenenfalls durch untergelegte Schaumstoffstreifen sichergestellt werden. Flache Dach-Neigungswinkel sind zu vermeiden, da es sonst zu verstärktem Tropfenfall durch Kondenswasser kommt.

Reparaturen der Folie

Risse oder Löcher in PE-Folien dürfen nicht mit einem PVC-haltigen Klebeband repariert werden. Dieses setzt bei der Alterung Stoffe frei, die das PE abbauen! Aus dem gleichen Grund darf Folie nie über einen längeren Zeitraum mit Regenwasserabflussrohren aus PVC in Berührung kommen.

Tab. 6 Gewächshausfolien – Übersicht (nach SCHULTZ 1997, gekürzt, verändert)

Name	Hauptbestandteil	Bemerkung
PE	Polyethylen	– reine PE-Folie ohne Zusätze (Additive) wäre nach wenigen Wochen zerstört – hohe Lichtdurchlässigkeit – hohe IR-Durchlässigkeit – Tropfenkondensation
PE-UV	UV-stabilisierte PE-Folie	– am häufigsten verwendete Folienart – durch Additive erhöhte Haltbarkeit – Bezeichnung: z. B. PE-UV 4 (für vierjährige Haltbarkeit)
PE-EVA	Ethylen-Vinylacetat (koextrudierte Polyethylenfolie mit 12 bis 18 % Vinylacetat)	– durch VA-Anteil verringerte IR-Durchlässigkeit – elastischer als reine PE-Folie – längere Haltbarkeit – Bezeichnung: z. B. Standard UV4
PE-IR	PE-Folie mit IR-Absorbern	– mit Zusätzen zur Verringerung der IR-Durchlässigkeit – etwa fünf Jahre haltbar
PE-AT	PE-Folie mit No-Drop-Beschichtung (AT = Antitau)	– mit Beschichtung bzw. mit Additiven zur Verringerung der Tropfenkondensation
ETFE	Kopolymerisat aus Tetrafluorethylen und Ethylen	– schwer entflammbar – hagelfest – Schmutz abweisend – reißfest – höchsttransparent (5 bis 7 % höhere Lichtdurchlässigkeit als PE-Folie) – Langzeitfolie (bis zu 20 Jahre haltbar) – hohe UV-Durchlässigkeit – starke Lichtminderung bei Tropfenkondensation, kann mit Antitau-Eigenschaften ausgerüstet werden
PVC	Polyvinylchlorid	– in Deutschland kaum noch eingesetzt – Umweltproblematik bei Herstellung und Entsorgung
Noppenfolie (= Luftpolsterfolie)	Verbundwerkstoff aus Polyethlyen und EVA	– sehr gute Isolationswirkung – durchlässig für UV-B – lange haltbar – hagelfest – bei jeder Witterung austauschbar

3.4.9 Folienarten

Am häufigsten wird **Polyethylen-Folie (PE)** in einer Materialstärke zwischen 0,15 bis 0,20 mm verwendet, welche in zwei Qualitäten angeboten wird: **LD-PE**: PE niedriger Dichte (von engl. low density) und **HD-PE**: PE hoher Dichte (von engl. high density). Für die Gewächshausbedachung und als Tunnel- oder Mulchfolie wird im Agrarbereich in der Regel LD-PE eingesetzt. **PE-UV-Folien** haben je nach Qualität und Menge der Additive eine Haltbarkeit von bis zu vier Jahren. Sie weisen eine relativ hohe Durchlässigkeit für langwellige Wärmestrahlung auf. Die nächst höhere Qualitätsstufe stellen **PE-IR-Folien** und **PE-EVA-Folien** dar, deren Durchlässigkeit für langwellige Wärmestrahlung vermindert ist. Die Haltbarkeit dieser IR-Folien beträgt etwa 5 Jahre. **ETFE-Folien** gelten als sehr teure Langzeitfolien. **PVC-Folien** werden aufgrund der Umweltproblematik bei der Herstellung und Entsorgung in Deutschland für den Gewächshausbau nicht mehr eingesetzt, sind aber in Japan und China sehr verbreitet. **Luftpolster- und Noppenfolien** werden aufgrund ihrer Wärme dämmenden Eigenschaften für die Isolierung von Stehwänden und Giebeln eingesetzt. Zusätzlich brechen und streuen die Luftpolsterfolien das einfallende Licht und erhöhen somit den Anteil der erwünschten diffusen Strahlung. Dadurch werden die Gewächshauskulturen gleichmäßiger belichtet und Schattenbildung und Brennglaseffekt verhindert. Luftpolsterfolien werden häufig zur Sanierung von alten kittverglasten Gewächshäusern verwendet. Die Haltbarkeit dieser Folien beträgt über 15 Jahre.

Zusätze
Durch Zusätze von Additiven, Stabilisatoren, Absorbern, Pigmenten, Füllstoffen und anderen Kunststoffarten ist es möglich, den Folien ganz bestimmte Eigenschaften zu geben.

Noppenfolie (Luftpolsterfolie)

Noppenfolie ist ein dreischichtiger Verbundwerkstoff aus Polyethylen und EVA, der seit etwa 1984 im Gewächshausbau verwendet wird. Sie besteht aus der Keder, einer Randverstärkung der Folie mit einem runden Querschnitt, der Kederfahne, einem breiten, flachen Folienteil, welcher der Befestigung in Profilen dient, sowie der Kederbahn mit den Luftpolsternoppen (etwa 1000 Noppen / m^2). Die luftgefüllten Noppen halten etwa 60 bis 95 % der Wärmestrahlung zurück und streuen das einfallende Licht, sodass ein hoher Anteil an diffuser Strahlung entsteht. Auch Hagel, Schnee und hohen Windgeschwindigkeiten hält sie in der Regel stand, vorausgesetzt die Halteprofile sind entsprechend stabil und die Bahnen wurden mit Vorspannung sorgfältig befestigt. Die UV-Stabilität wird für einen Zeitraum von fünf Jahren garantiert. Als maximale Lebensdauer unter mitteleuropäischen Witterungsverhältnissen gelten 19 Jahre und unter subtropischen Klimaverhältnissen, z. B. in Brasilien, gelten neun Jahre.

Tab. 7 Noppenfolie – Technische Daten (KRÖTZ 2005)

Merkmal	Technischer Wert
Noppendurchmesser	8,5 mm
Dicke der Kederfahne	etwa 1 mm
Durchmesser des Keders	etwa 5 mm
Gewicht	etwa 410 g / m²
Breite	1970 und 1985 mm
Rollenlänge	100 m
k-Wert	3,3 W / m²
Transparenz	Licht: etwa 83 % IR: etwa 30 %

Tab. 8 Folien – Gewünschte Eigenschaften durch spezielle Zusätze

Gewünschte Eigenschaft	Zusatz
Lange Lebensdauer	Absorbierende oder UV-reflektierende UV-Stabilisatoren
Reißfestigkeit, Elastizität	Kombination von PE und EVA in koextrudierten Folien
Durchlässigkeit für Wärmestrahlung	Mineralische Additive (Mineral Fillers)
Vermeidung von Tropfenkondensation an der Folieninnenseite, verringerte Staubanhaftung an der Außenseite	Integration oder Beschichtung mit Additiven und Pigmenten
Schattierende und / oder kühlende Wirkung	Farbpigmente oder Oberflächenvergütung (Reflektion der NIR-Strahlung)
Geringe Brennbarkeit	Flammen hemmende Additive (Lichtdurchlässigkeit sinkt!)

→ Bei Kombination verschiedener Eigenschaften optimale Wirkung durch Herstellung mehrschichtiger Folien im Koextrusionsverfahren. Jede Schicht hat bestimmte Zusätze!

Herstellung von Kunststofffolie

Kunststoffgranulat wird im sogenannten Extruder zu Folie weiterverarbeitet. Extruder sind Schneckenpressen, die ähnlich arbeiten wie ein Fleischwolf. Sie pressen das Kunststoffgranulat unter hohem Druck und hoher Temperatur durch eine entsprechend geformte Düse und blasen es zu einem Schlauch (bis zu 15,00 m hoch) auf. Nach dem Abkühlen wird dieser flachgelegt, aufgewickelt und je nach Bedarf auf einer oder auf beiden Seiten aufgeschnitten.

HD-PE

HD-PE ist steif, schlagzäh und preiswert und findet bei der Herstellung von Pflanztöpfen, Pestizid-Kanistern, Eimern und Kübeln Verwendung.

ETFE-Folie

Diese Folie stammt ursprünglich aus Japan und war schon vor 20 Jahren unter dem Namen „Hostaflon-EF-Folie“ auf dem Markt. Folien aus Ethylen-Tetrafluoretylen-Copolymer gelten als besonders langlebig (im Handel z. B. erhältlich als Tefzel®, Hostaflon ET®, F-Clean). Dieses sehr lichtdurchlässige Material (hohe UV-Transmission) ist außerdem chemikalien- und witterungsbeständig, verträgt auch eine starke Erwärmung der Unterkonstruktion und besitzt eine selbst reinigende Oberfläche (geringe statische Aufladung der Folie). Hinzu kommt ein günstiges Brandschutzverhalten (B1). Bei der Verbrennung entstehen jedoch giftige Gase. Die geringen verfügbaren Breiten (1,50 bis 2,30 m), die schlechte Kondenswasserableitung sowie der hohe Preis (10,00 €/ m² im Vergleich zu 3,00 bis 4,00 €/ m² bei Glas) begrenzen die Verbreitung.

3.4.10 Entsorgung von Gewächshausfolien

Die meisten Folien werden in Deutschland thermisch verwertet (was eine beschönigende Bezeichnung für die Müllverbrennung ist) oder deponiert, weil das sortenreine Sammeln und Reinigen unwirtschaftlich wäre. Ein Recycling, also ein Aufbereiten gebrauchter Folien, um neue Folie herzustellen, ist kaum möglich, da Art und Menge der Additive nicht bekannt sind und es schädliche Wechselwirkungen mit neu zugesetzten Additiven geben kann.

3.5 Glas-Folien-Kombinationen

Neu entwickelte Glas-Folien-Kombinationen aus ETFE-Folie mit eisenarmem Weißglas weisen bei hoher UV- und Lichtdurchlässigkeit eine hohe Isolierwirkung auf.

Die Isolierung basiert auf der Füllung des Zwischenraumes mit Luft, die durch Öffnungen im Glas von unten zugeführt wird. Die Luftzufuhr lässt sich bei Bedarf, z. B. im Sommer oder im Winter zum Abtauen von Schnee, abschalten. Der k-Wert für den Wärmedurchgang liegt bei etwa 3,0 W/ m² gegenüber 5,6 W/ m² bei Standardglas. Die Folie schützt die Verglasung aufgrund ihrer Selbstreinigungseigenschaften vor einer Verschmutzung.

3.6 Verkaufsgewächshäuser

3.6.1 Statik

Die Statik von Produktionsgewächshäusern wird derzeit gemäß DIN V 11535-1 berechnet. Man geht bei der Bemessung von einer abgeminderten Schneelast von 25 kg/ m² aus. Für Verkaufsgewächshäuser mit **transparenter** Bedachung gibt die DIN 11535 für die Schneelast einen Bemessungswert von 0,75 kN/ m² Grundfläche an, wenn diese ausreichend beheizt werden. Gewächshäuser gelten als ausreichend

Abb. 12 Glas-Folien-Kombination: außen ETFE-Folie, innen ESG-Glas.

beheizt, wenn Sie bei einer transparenten Einfachbedachung auf mindestens 12 °C und bei einer transparenten Isolierbedachung auf mindestens 17 °C beheizt werden können. Die DIN 11535 verweist bei den Lastannahmen auf die DIN 1055 (2007 zurückgezogen).

Die neue europäische Gewächshausnorm DIN EN 13031 wurde von Deutschland und der Schweiz bauaufsichtlich noch nicht eingeführt. Diese verweist bei Lastannahmen auf den Eurocode 1: ENV1991, der durch die Einführung der neuen DIN 1055 veraltet ist. Die neue DIN 1055 kann für die Berechnung gemäß DIN 11535 nicht sinnvoll angewendet werden. Eine neue (europäische Norm) für Verkaufsgewächshäuser gibt es (noch) nicht.

Verkaufsgewächshäuser und Gartencenter mit nicht- oder nur teiltransparenter Eindeckung müssen gemäß den Lastannahmen im Hochbau (DIN 1055) bemessen werden. An der Einführung der DIN 13031 mit deutschem Beiblatt wird derzeit gearbeitet.

3.6.2 Bedachung

Die transparente Bedachung von Verkaufsgewächshäusern muss den „Technischen Regeln für die Verwendung von linienförmig gelagerten Verglasungen“ entsprechen. Die Scheiben müssen an allen vier Seiten eine Gummiauflage besitzen und dürfen keinen Kontakt zu den Sprossen haben. „Normales“ Gartenbauglas darf in Verkaufsgewächshäusern im Überkopfbereich wegen der Verletzungsgefahr bei Glasbruch nicht verwendet werden. Auch das früher häufig eingesetzte **Einscheibensicherheitsglas** (ESG) ist nicht mehr zulässig. Letzteres ist zwar durch eine Temperaturbehandlung „vorgespannt“ und zerfällt bei Bruch überwiegend in kleine Krümel, doch können auch größere, gefährliche „Krümelpakete“ entstehen. Eine Ausnahme von dieser Verordnung ist nur möglich, wenn Netze mit einer Maschenweite von höchstens 40 mm unterhalb der ESG-Verglasung angebracht werden. Diese sollen größere Krümelpakete auffangen oder zerkleinern. **Drahtglas** darf dagegen überall eingesetzt werden, wenn es eine bauaufsichtliche Zulassung besitzt. Drahtglas ist ein Gussglas, in dem eine Drahtnetzeinlage bei Glasbruch das Scheibengefüge zusammenhält. Es ist optisch jedoch nicht sehr ansprechend. Außerdem schwächt die Drahteinlage das Glas, sodass es empfindlicher auf Hagel reagiert. Die Kanten von Drahtglas dürfen nicht ständig der Feuchtigkeit ausgesetzt sein. Als Einfachverglasung oder untere Scheibe von Isolierglas darf (ohne Netz) nur VSG (**Verbundsicherheitsglas**) eingesetzt werden. Bewährt hat sich eine Isolierverglasung mit einer oberen Scheibe aus ESG und einer unteren Scheibe aus VSG. Die Isolierglasdicke beträgt dabei 26 mm. VSG besteht aus zwei Glasscheiben mit einer dazwischen liegenden, elastischen Kunststofffolie. Bei Glasbruch bleiben die Glasstücke an der Folie haften und fallen nicht herunter. Dieses Glas wird beispielsweise auch bei Frontscheiben von Pkw verwendet. Auch **Kunststoffe** dürfen nicht uneingeschränkt verwendet werden. Zulässige Bedachungsmaterialien müssen den Anforderungen der Brandschutzklasse B1 (= schwer entflammbar nach DIN 4102 mit dem Zusatz „nicht brennend abtropfend“) entsprechen. Diese Anforderungen erfüllen zurzeit nur Stegdoppel- oder Stegdreifachplatten aus **Polycarbonat**.

Tab. 9 Einteilung der Baustoffe in Brandschutzklassen nach DIN 4102

Brandschutzklasse	Baustoffe
A	– nicht brennbare Baustoffe – Stahl – Glas
B	– brennbare Baustoffe
B1	– schwer entflammbare Baustoffe – Acrylgewebe (100 %) für Energieschirme – ETFE-Folie – Polycarbonat Stegdoppel- und -dreifach- sowie M-Platte bestimmter Hersteller
B2	– Normal entflammbar – Acrylglas (Plexi)-Stegdoppelplatten – Holz und Holzwerkstoffe von mehr als 2 mm Dicke – Glasfaserverstärkte Polyesterplatten (GFUP) – Polycarbonat (Stegdoppelplatten) 16 mm (allgemein)
B3	– leicht entflammbare Baustoffe – Holz bis zu einer Dicke von 2 mm – PE-Folie

3.6.3 Brandschutz

Die transparente Eindeckung im Dach muss mindestens der Brandschutzklasse B1 (nicht brennend abtropfend) entsprechen (siehe zuvor). Bei nicht transparenter Eindeckung reicht meistens die Widerstandsfähigkeit gegen Flugfeuer, manchmal wird „nicht brennbar" gefordert. Ab 2000 m² Grundfläche wird eine Sprinkleranlage gefordert, wenn eine A0-Konstruktion (nicht brennbare Werkstoffe, z. B. Stahlstützen) ausreichen soll. Ohne Sprinkleranlage ist eine F_{30}B-Konstruktion (Feuer hemmende Bauteile) vorgeschrieben. Als Entrauchungsklappen werden normalerweise die Lüftungsbahnen anerkannt. Eventuell müssen spezielle Motoren (bis 100 °C, z. B. Fa. Lock) oder auch sogar eine E30-Verkabelung (brandfeste bzw. hochtemperaturbeständige Materialien) eingesetzt werden. Genaues wird gegebenenfalls im Brandschutzgutachten vorgegeben. Allgemeines ist in den Verkaufsstättenrichtlinien vorgegeben. Die maximale Entfernung zur nächsten Fluchttür (oder einem Fluchtgang) darf 25,00 m betragen. Die Tür muss mit einem Fluchttürbeschlag nach DIN EN 1125 (= Panikverschluss mit horizontaler Befestigungsstange) ausgerüstet sein.

3.6.4 Wärmeschutz

Gemäß der EnEV 2009 (Energieeinsparverordnung) gilt diese nach § 1, Absatz 2, Punkt 4 für „Unterglasanlagen ... zum Verkauf von Pflanzen" nicht. Aufgrund der auf Pflanzenbedürfnisse optimierten Bauweise mit großflächigen Dach-, Stehwand- und Giebelverglasungen könnten bei diesen Bauwerken die Vorgaben der EnEV gar nicht eingehalten werden. Trotzdem sollte darauf geachtet werden, dass die Energieeffizienz von Verkaufsgewächshäusern optimiert wird. Die nachfolgenden Empfehlungen beruhen auf langjährigen Erfahrungen des Mitautors Rainer Dietrich beim Bau und der Beheizung dieser Anlagen und sind so nicht verbindlich vorgeschrieben.

Bodenplatte. Der Wärmeübergang an das Erdreich wird immer vernachlässigbarer je größer die Bodenplatte wird. Eine großflächige Dämmung unter der Bodenplatte wird damit schnell unwirtschaftlich. Es wird daher empfohlen, einen Randstreifen von 5,00 m mit einer Perimeterdämmung zu versehen und die Bodenplatte ebenso stirnseitig zu dämmen. (Unter einer Perimeterdämmung versteht man die Wärmedämmung erdberührter Bauteile an ihrer Außenseite. Damit ist ebenso die Dämmung unter einer Bodenplatte wie auch die Wärmedämmung einer im Erdreich eingebundenen Außenwand gemeint.)

Verglasung. Forschungsergebnisse des BGT der Universität Hannover haben gezeigt, dass es möglich ist Pflanzen unter Wärmeschutzglas kurzfristig zu präsentieren. Für eine Pflanzenproduktion sind diese aufgrund der ungünstigen Lichtdurchlässigkeit der Gläser nicht geeignet. Für Verkaufsanlagen sollte aber Glas mit einem U-Wert von 1,1 W/(m²K) eingesetzt werden. Die Pflanzen werden in Gartencentern so schnell umgeschlagen, dass die verminderte Lichtdurchlässigkeit kein Problem darstellt.

Anforderungen an Bedachungsmaterialien

- Hohe Durchlässigkeit für PAR, UV-A und UV-B,
- lang anhaltende Lichtdurchlässigkeit,
- niedriges Eigengewicht, dadurch Einsparungen bei der tragenden Konstruktion,
- Hagelsicherheit.

3.7 Gewächshausreinigung

Durch Verschmutzung der Gewächshaushülle kann der Lichtverlust bis zu 20% betragen.

Je nach Verschmutzungsgrad der Gewächshaushülle sind mehr als 20% Lichtverlust möglich. Eine regelmäßige Gewächshausreinigung ist daher vorteilhaft. Die in den Niederlanden verbreiteten, selbst fahrenden Bürstenwagen sind für diesen Zweck in Deutschland meist ungeeignet, da sie für große, einheitliche Venlo-Blocks konzipiert wurden. Alternativ kann die Reinigung beispielsweise mit speziell konstruierten Besen für die Traufrinnen und speziellen Reinigungsmitteln für die Glasflächen erfolgen. Letztere werden auf die Glasflächen aufgesprüht und nach kurzer Zeit mit einem Wasserdruck von 5 bis 6 bar entfernt. Das Spülwasser sollte sicherheitshalber nicht in Vorfluter oder Speicherbecken gelangen. Kunststoffplatten sind vorsichtiger zu behandeln. Reinigungsmittel könnten mit dem Kunststoff reagieren und das Material auf Dauer angreifen. Hier sollte die Reinigung manuell durch „kratzerloses" Wischen mit speziellen Schaumstoffmatten erfolgen. Die Dachinnenflächen können mit einem Hochdruckreiniger (bei etwa 180 bar) gesäubert werden, wobei die Sprühlanze leicht schräg auf die Gläser zielen sollte. Diese spezielle Sprühtechnik ermöglicht es auch, Häuser mit wachsenden Beständen von Innen zu reinigen, ohne dass es zu einer verstärkten Pilzgefahr aufgrund erhöhter Feuchtigkeit oder zu einer Verunreinigung der Kulturen durch Tropfwasser kommt. Richtig durchgeführt, läuft der überwiegende Teil des Reinigungswassers an der Innenseite der Scheiben ab. Für die Innenstehwände ist das Arbeiten mit den schon beschriebenen Schaumstoffmatten günstig.

Alternativ kann einer Verschmutzung durch eine Versiegelung der Scheiben vorgebeugt werden. Das aus den Niederlanden stammende Mittel „Wetralux" lässt auf den Scheiben eine absolut glatte, Wasser abstoßende Oberfläche entstehen, schließt also mikroskopisch kleine Unebenheiten und verhindert so, dass sich Schmutzpartikel festsetzen. Außerdem schützt es die Glasscheiben vor Korrosion durch aggressive Abgasbestandteile (z. B. Fluorverbindungen). Die Lichtdurchlässigkeit ist laut Herstellerangaben durch das Mittel nicht beeinträchtigt. Der Lichtgewinn durch saubere Scheiben kann zu einer Energieeinsparung von über 20 % führen.

Lichtgewinn durch:
- schmale Rinnen,
- große Scheiben,
- Reduzierung aller technischen Einrichtungen auf ein notwendiges Minimum,
- Platzieren möglichst vieler Bauteile unterhalb der Rinne (weniger Schattenwurf),
- regelmäßige Reinigung der Scheiben.

4 Lüftung

Mit Hilfe der Lüftung wird die Gewächshausluft gegen die Luft aus der Umgebung ausgetauscht.

4.1 Aufgaben

Damit sollen folgende Ziele erreicht werden:

- Temperaturregelung (Abführen überschüssiger Wärme),
- Regelung der Luftfeuchte,
- Zufuhr von Sauerstoff und CO_2,
- Beseitigen von Luftverunreinigungen im Gewächshaus (z. B. Pflanzenschutzmitteldämpfe).

4.2 Anforderungen

Lüftungselemente müssen dicht schließen, wasserdicht und sturmfest ausgeführt sowie ausreichend groß dimensioniert sein. Trotz intensiven Luftaustauschs dürfen die Pflanzen dabei nicht der Zugluft ausgesetzt werden.

4.3 Wirkungsweise

Bei der **freien Lüftung** findet ein selbstständiger Luftaustausch über die Lüftungsöffnungen statt. Dieser beruht in erster Linie auf Temperaturunterschieden und dem Winddruck. Temperaturunterschiede haben Einfluss auf den Luftdruck. Unterschiede im Luftdruck sind Auslöser für Luftbewegungen. Diese sind umso stärker, je größer der Temperaturunterschied zwischen innen und außen oder je höher das Haus (Kamineffekt) ist. Abhängig von der Windrichtung entstehen am Gewächshaus Druck- und Sogzonen, die zusätzlich einen Luftaustausch durch den Wind (Winddruck) bewirken.

Eine Kennzahl für die Größe des Luftaustausches ist die **Luftwechselzahl Z.** Diese gibt an, wie viel Luftvolumen (V) im Vergleich zum Gewächshausvolumen (V_G) pro Stunde ausgetauscht wird: $Z = V / V_G$ (1 / h). Typische Werte für Z sind in Tabelle 10 aufgeführt.

Luftwechselzahl
$Z = V / V_G$

Tab. 10 Luftwechselzahlen (Erfahrungswerte) (VON ZABELTITZ 1986)

Lüftung	Luftwechselzahl (Z)
Geschlossen	0,6 bis 2
Schlecht	20 bis 40
Normal	40 bis 50
Gut	über 50

Mattenkühlung

Ein Ventilator saugt Außenluft durch eine luftdurchlässige Matte ins Gewächshaus. Diese Matte wird mit Wasser berieselt. Beim Durchströmen der trocken-heißen Außenluft verdunstet Wasser im Mattenbereich. Dabei kühlt sich die angesaugte Luft ab und nimmt Wasserdampf auf. In der trockenen Gewächshausluft gibt die Außenluft ihre Feuchte allmählich an die Umgebungsluft ab, entzieht ihr dadurch Wärme (Verdunstungskälte) und befeuchtet sie gleichzeitig. Mit zunehmender Entfernung zur Matte schwächt sich dieser Effekt ab.

Vor allem in heißen Sommern entstehen keine ausreichend großen Unterschiede im Luftdruck, um eine nennenswerte Luftbewegung auszulösen. Wenn dann auch noch Windstille herrscht, ist die freie Lüftung nicht wirksam genug. In diesen Fällen kann der Luftaustausch durch eine **Zwangslüftung** mit Hilfe von Ventilatoren ermöglicht werden. Diese sind meist in der Steh- oder Giebelwand eingebaut und saugen bzw. drücken Außenluft durch das Gewächshaus. Die Zwangslüftung bietet folgende Vor- und Nachteile:

+ weniger Lüftungsöffnungen (geringerer baulicher Aufwand),
+ bessere Abdichtung des Gewächshauses,
+ weniger Sturmschäden (weniger Angriffsfläche),
+ nachträglicher Einbau einer Mattenkühlung möglich,
- höhere Betriebskosten,
- Lärm,
- Stromverbrauch
- größerer Kaltlufteinfall im Winter.

4.4 Lüftungskonstruktion

Lüftungen öffnen sich entweder als einzelne Scheibenfelder (Lüftungsklappen) oder als durchgehendes Lüftungsband über die ganze Länge des Hauses.

Abbildung 13 zeigt unterschiedliche Öffnungsarten (siehe auch Abb. 2). Nach der Position am Gewächshaus unterscheidet man verschiedene Lüftungsarten.

Am weitesten verbreitet ist die **Klappflügellüftung**. Bei modernen Großraumgewächshäusern kann nahezu jedes Scheibenfeld im Dachbereich zwischen den Pfetten gesondert angehoben werden (= **Multilüftungsfelder** beim Skylite- und bei dem nicht mehr erhältlichen Multiventgewächshaus).

Beim Cabrio-Gewächshaus (siehe Gewächshaustypen, Seite 6) ist die Lüftung (**Aufstelllüftung**) schlechter regelbar, da sich das Dach immer auf der ganzen Länge öffnet. Das bedingt z. B. einen mangelhaften Regenschutz für Kunden in Verkaufsgewächshäusern. Das Dach ist nur dann regendicht, wenn es vollständig geschlossen ist.

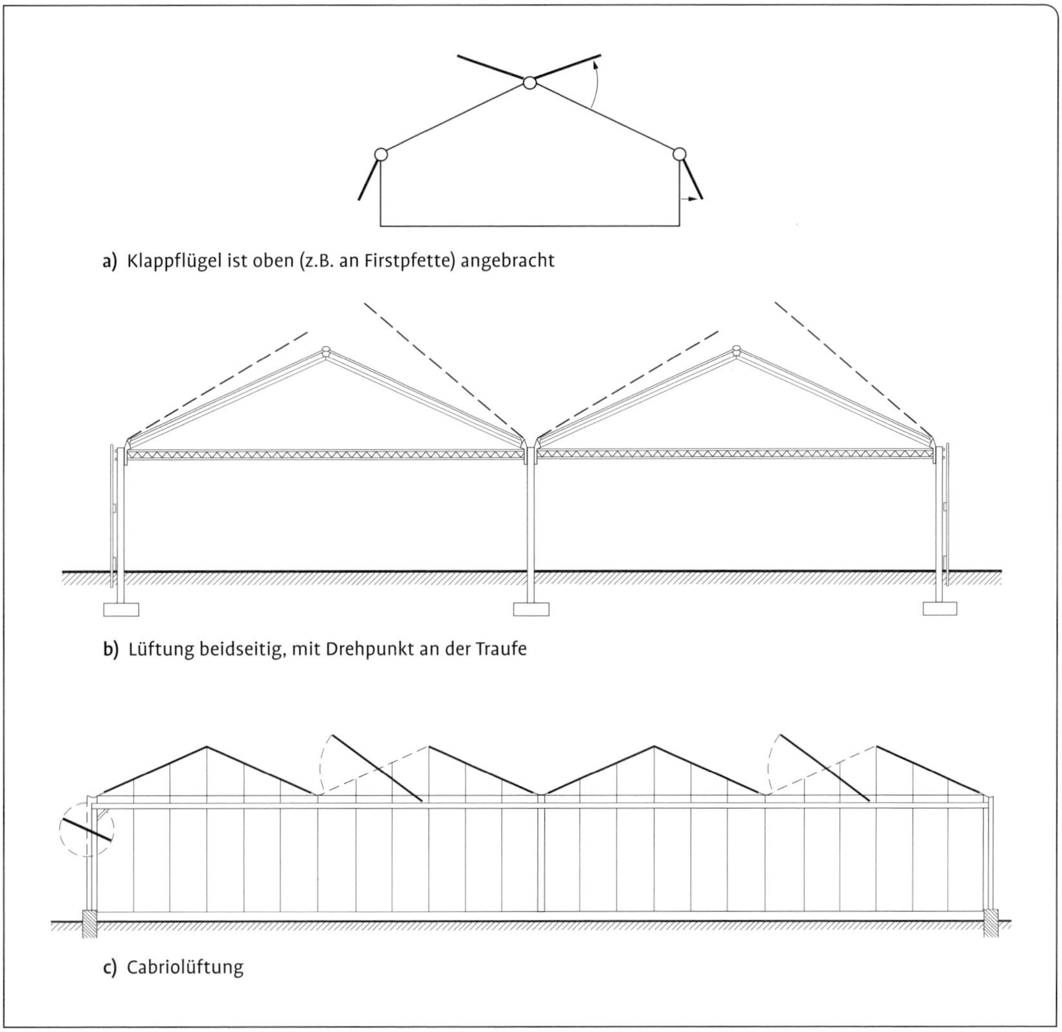

a) Klappflügel ist oben (z.B. an Firstpfette) angebracht

b) Lüftung beidseitig, mit Drehpunkt an der Traufe

c) Cabriolüftung

Abb. 13 Öffnungsarten (nach DEGEN und SCHRADER 2009, verändert).

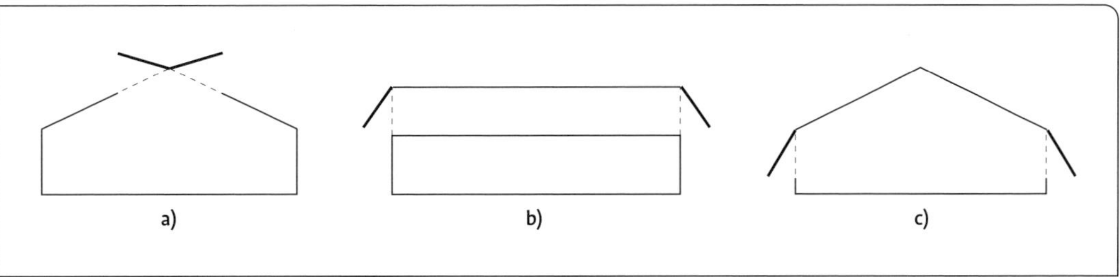

Abb. 14 Lüftungsarten: a) Firstlüftung, b) Giebellüftung, c) Stehwandlüftung (nach DEGEN und SCHRADER 2009).

Abb. 15 Skylite-Gewächshaus.

Abb. 16 Cabriohaus.

Ablüften bei Sturmgefahr. Um Schäden vorzubeugen, sind bei Sturmgefahr zunächst die dem Wind zugewandten Lüftungsklappen zu schließen. Selbst gut funktionierende automatische Lüftungen benötigen bei drohenden Sturmböen unter Umständen zu lange, um die Lüftung rechtzeitig zu schließen. In diesem Fall ist vorzeitiges, handgesteuertes Ablüften vorzunehmen.

Bei Folienhäusern sind zusätzlich folgende Lüftungsmöglichkeiten verbreitet:

- **Seitenlüftung mit Folienschürze**, ein- oder beidseitig, die von oben nach unten öffnet,
- **Seitenlüftung als Wickellüftung**, die sich von unten nach oben öffnet,
- **Giebellüftung**, bei welcher der komplette Giebel oder das Giebeldreieck nach außen aufgeklappt wird.

Abb. 17 Multivent-gewächshaus.

Die **Seitenlüftung mit Folienschürze** (siehe Abb. 18e) ist günstig bei Kulturen oder auf Bodenbeeten, da die beim morgendlichen Öffnen der Lüftung eindringende Kaltluft nicht sofort an die Pflanzen gelangt. Eine mindestens 30 cm tief eingegrabene Folienschürze gewährleistet zusätzlich einen Schutz vor Nagetieren. Nachteilig ist, dass sich in der herabgelassenen Folie Regenwasser sammeln kann, was das Schließen der Lüftung erschwert.

Bei der **Seitenlüftung mit Wickellüftung** (siehe Abb. 18f) kann Regen, auch in Kombination mit Wind, die Folie verschmutzen. Hängen gebliebener Schmutz führt dann in ungünstigen Fällen beim Aufwickeln zu Scheuerstellen. Die Gewächshauslänge sollte bei diesem Typ 60 Meter nicht überschreiten, da es kein Getriebe gibt, welches bei größeren Längen zufrieden stellend arbeitet. Es kommt bei diesem System schon bei kürzeren Häusern zu einem Faltenwurf durch die unterschiedliche Folienausdehnung im Sommer.

Bei großen Folienhäusern ist eine Stehwand- oder Giebellüftung nicht ausreichend. Hier ist zusätzlich eine **First- oder Dachlüftung** (siehe Abb. 18b und a) nötig.

Das Öffnen und Schließen der Lüftungselemente erfolgt meist über Zahnstangenantriebe, Hebelmechanismen oder Seilzüge, die von Hand, über elektrische Motorwinden oder hydraulische und pneumatische Hubzylinder angetrieben werden. Üblich ist heute eine vollautomatische Lüftungsregelung, die allerdings das Vorhandensein zahlreicher Messfühler (Windrichtungsmesser, Windgeschwindigkeitsmesser, Regenfühler usw.) und einer Regeleinrichtung voraussetzt.

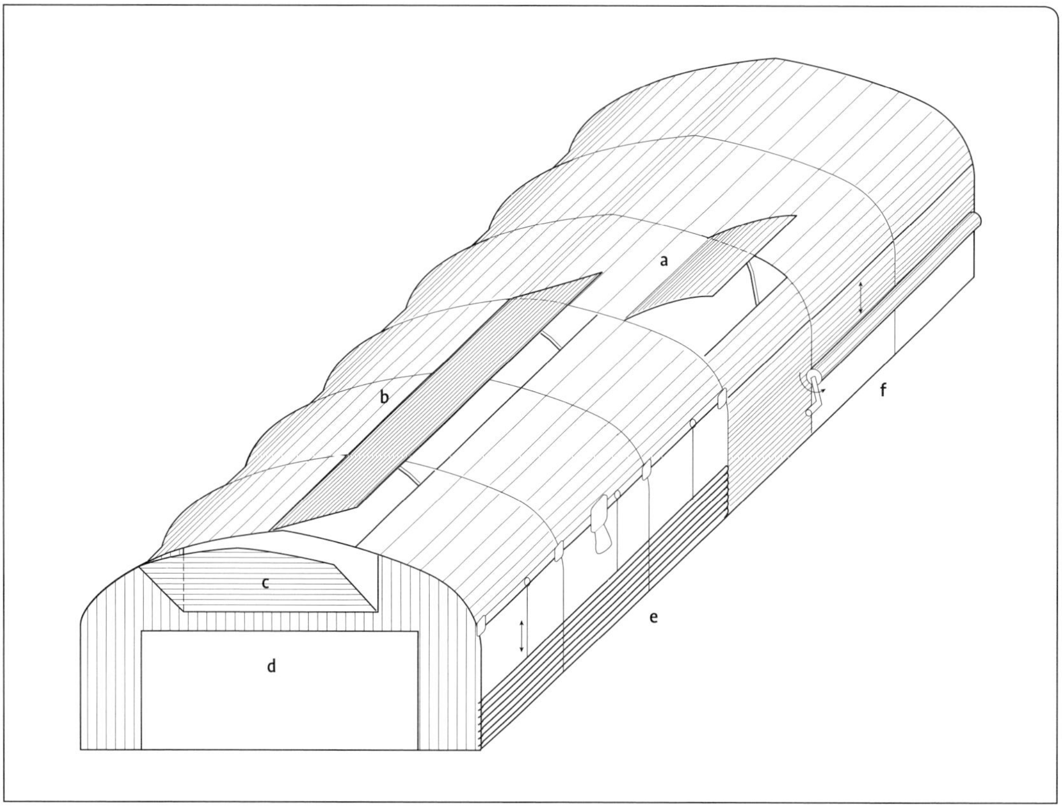

Abb. 18 Lüftungsmöglichkeiten bei Folien-Gewächshäusern: a) Einzelklappen im Dach, b) durchgehende Firstlüftung, c) Klappe im Giebel, d) Tor (kann bei manchen Konstruktionen nach oben geklappt werden), e) Seitenlüftung (von oben nach unten), f) Seitenlüftung (Wickellüftung, von unten nach oben) (aus DEGEN und SCHRADER 2009).

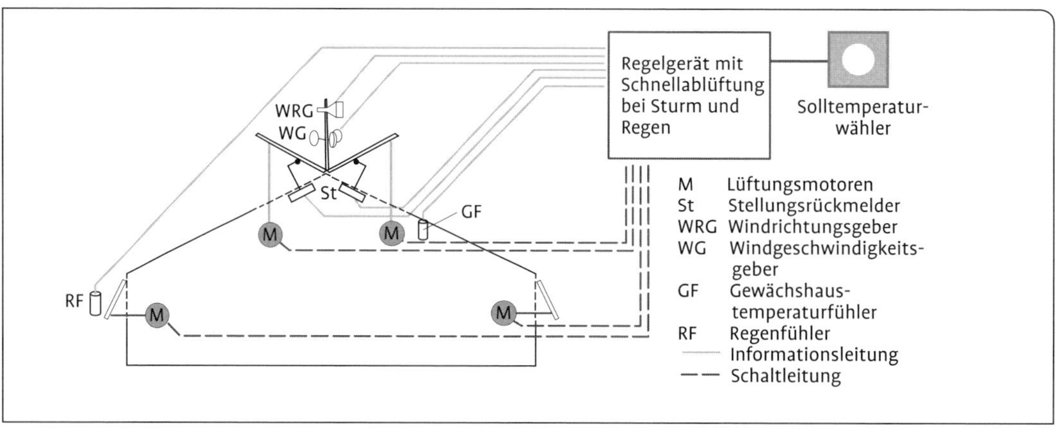

Abb. 19 Vollautomatische Lüftung (aus DEGEN und SCHRADER 2009).

5 Schattierung

Im Extremfall dringen bis zu 95 % des natürlichen Lichts zu den Pflanzen im Gewächshaus durch. An einem sonnigen Sommertag kann die Lichtintensität daher selbst für eine lichtbedürftige Pflanze zu hoch sein. Deswegen benötigt man für ein Gewächshaus eine Möglichkeit der Schattierung.

5.1 Aufgaben

In einem unschattierten Haus kann die Pflanzentemperatur bis zu 15 °C über der Lufttemperatur liegen, da die (relativ dunklen) Pflanzen die einfallende Sonneneinstrahlung absorbieren. Der absorbierte Strahlungsanteil erwärmt die Pflanzen. Wichtigste Aufgabe der Schattierung ist es somit, die Sonneinstrahlung zu verringern. Der direkte Einfluss der Schattierung auf die Lufttemperatur ist unwesentlich. Da Schattiergewebe den Luftaustausch behindern kann, ist sogar eine Erhöhung der Lufttemperatur durch eine Schattierung möglich. Im Winter trägt eine über Nacht geschlossene Innenschattierung zur Energieeinsparung bei. Der Heizenergieverbrauch lässt sich dadurch um 10 bis 15 % verringern.

5.2 Anforderungen

Die Schattierwirkung sollte sich an unterschiedliche Einstrahlungsverhältnisse (Sonne, Bewölkung usw.) anpassen lassen. Dabei ist es wichtig, dass die offene Schattierung den Lichteinfall ins Gewächshaus möglichst wenig behindert. Nachts soll eine geschlossene Schattierung den direkten Strahlungsaustausch mit der Umgebung verhindern. Ein großer Luftraum unter einer geschlossenen Schattierung erleichtert die Klimatisierung des Gewächshauses im Sommer.

5.3 Systeme / Verfahren

Grundsätzlich unterscheidet man zwischen **Dauerschattierung** und **beweglicher Schattierung**. Eine Dauerschattierung in Form von Schattiermatten aus Schilf oder Kunststoffgewebe oder durch das Aufbringen von Schattierfarbe zu Beginn des Sommers ist preiswert. Es ist jedoch nicht möglich auf unterschiedliche Einstrahlungsverhältnisse zu reagieren. Außerdem sind die Verfahren arbeitsaufwendig und werden nur noch vereinzelt angewendet.

Bewegliche Schattierungssysteme gibt es als Außen- und als Innenschattierung. Bewegliche Außenschattierungssysteme haben sich im Gartenbau nicht durchgesetzt. Zwar verhindern sie, dass Sonnenstrahlen ins Gewächshaus eindringen und dort den Gewächshauseffekt mit (im Sommer) unerwünschter Erwärmung hervorrufen, doch

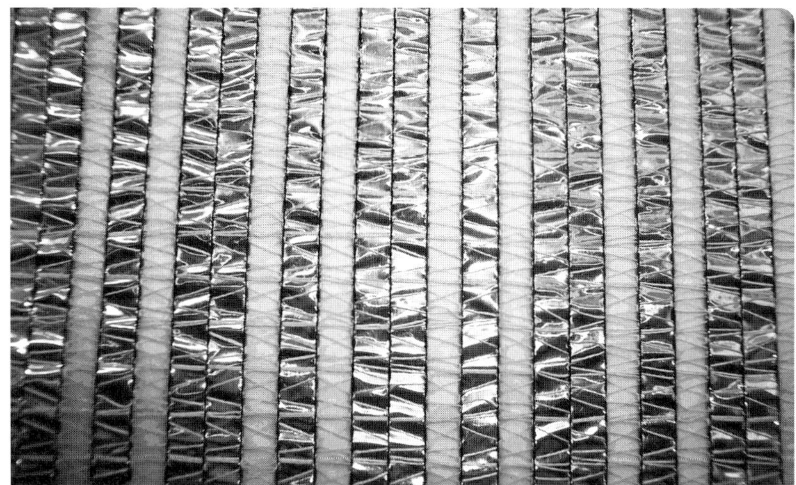

Abb. 20 Schattiergewebe mit Aluminiumbändchen.

sind die meisten Systeme zu störanfällig und zu teuer. Sie behindern außerdem häufig das Öffnen der Lüftungsklappen und die Einstrahlung in der lichtarmen Jahreszeit. Im Winter weisen sie keine Wärmedämmeigenschaften auf.

Die bewegliche Innenschattierung erfüllt die Anforderungen des Gartenbaus am besten. Das Schattiermaterial besteht aus Kunststofffasern (Acryl, PE, PVC) mit zum Teil darin eingearbeiteten Aluminiumbändchen.

Das Aluminium reflektiert die Sonneneinstrahlung und verhindert gleichzeitig die nächtliche Wärmeabstrahlung, was zur Energieeinsparung beiträgt (siehe oben). Die vom Material selbst absorbierte Strahlung verbleibt jedoch als Wärme im Gewächshaus. Zwischen den Aluminiumbändchen gibt es durchlässige Streifen. Dadurch ist eine gute Belüftung gewährleistet. Das Gewebe sollte außerdem frei von Kondenswasser bleiben, da es sonst zu Verschmutzungen und Algenwachstum kommt. Nur ein sehr geschmeidiges Material lässt sich in offenem Zustand so kompakt zusammenfalten, dass es wenig Licht wegnimmt. Schattiergewebe darf außerdem weder einlaufen, noch sich verziehen. Eine Innenschattierung ist vor Witterungseinflüssen geschützt und bedarf nur einer geringen Wartung.

5.4 Konstruktion

Das Schattiergewebe wird in der Regel über Seilzüge in Längs- oder Querrichtung bewegt. Dabei ist die Schattierung entweder in Traufenhöhe (aus Wärmedämmgründen oberhalb der Heizungsrohre) oder parallel zum Dach montiert.

In offenem Zustand ist es an oder unter den Bindern oder unter dem First „gerafft“. Der Lichteinfall ist deshalb nur wenig behindert.

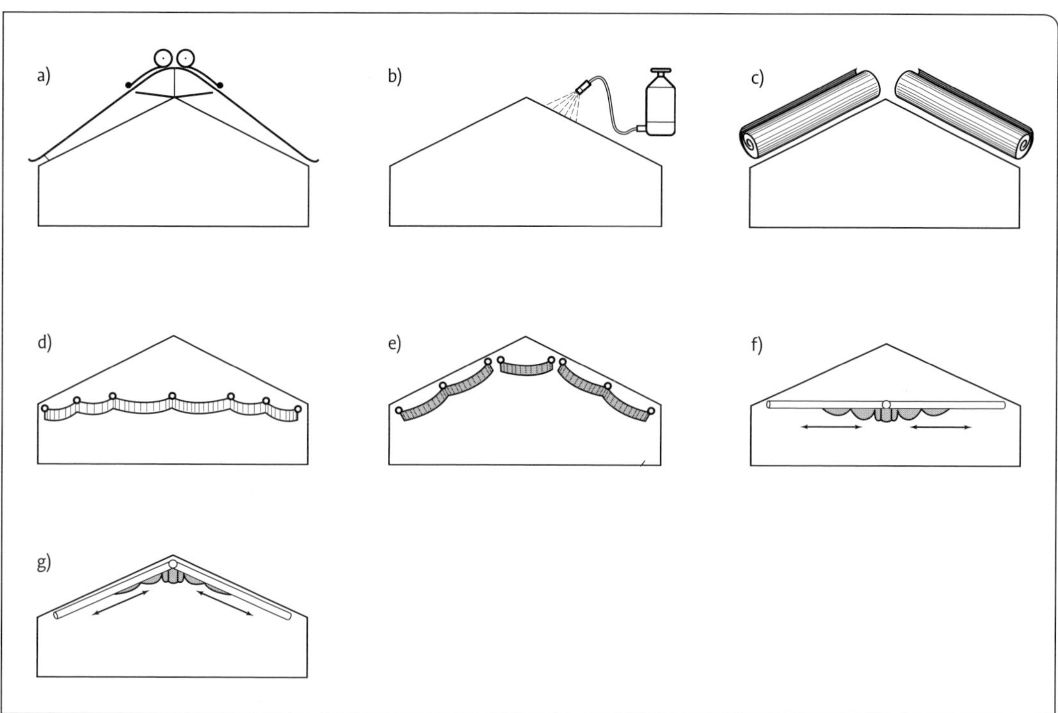

Abb. 21 Innen- und Außenschattiersysteme:
a) bewegliche Außenschattierung (Abrollen von Schattiermatten vom First aus),
b) Außenschattierung mit Schattierfarbe,
c) Außenschattierung mit Schattiermatten,
d) bewegliche Innenschattierung (in Traufenhöhe, in Längsrichtung) oder bewegliche Kombination aus Schattierung und Energieschirm,
e) bewegliche Innenschattierung (dachparallel, in Längsrichtung),
f) beweglich Innenschattierung (in Traufenhöhe, in Querrichtung) oder bewegliche Kombination aus Schattierung und Energieschirm,
g) bewegliche Innenschattierung (dachparallel, in Querrichtung)
(aus Degen und Schrader 2009).

6 Energieschirm

Seit Mitte der 70er Jahre kommen Energieschirme als wärmedämmende Maßnahme im Produktionsgartenbau zum Einsatz.

6.1 Aufgaben

Ein Energieschirm, der nachts als zusätzliche Schicht zwischen Pflanzen und Dachraum eingezogen wird, vermindert Heizenergieverluste um 20 bis 40 %. Energieschirme gelten als **effektivste Energiesparmaßnahme** in Gartenbaubetrieben. Ein Energieschirm unterscheidet sich von einer Schattierung außer vom Material her nur durch die dichte Ausführung (keine Fugen) und eine Schürze um die Rinne.

6.2 Anforderungen

In Gewächshäusern kommt es durch folgende Erscheinungen zu Heizenergieverlusten:
- Aufsteigen von Warmluft und Abkühlen am Gewächshausdach (Konvektion),
- Wärmestrahlung,
- Wärmeleitung,
- Wärmeverluste durch Luftwechsel (Undichtigkeiten).

Das Energieschirmmaterial muss diesen Erscheinungen entgegenwirken. Dichtes Bändchen- oder Tuchgewebe aus Acryl weist nur eine **geringe Luftdurchlässigkeit** auf und verhindert somit das Aufsteigen von Warmluft. Bei völliger Luftundurchlässigkeit ist die Wasserabfuhr aus dem Pflanzenbestand behindert. Die relative Luftfeuchte unterhalb des Schirmes nimmt zu. Im Extremfall kondensiert das Wasser an den Pflanzen (Gefahr von Pilzerkrankungen) oder am Energieschirm (Gefahr von Tropfenfall). Eine geringfügige Luft- und Wasserdurchlässigkeit ist demnach erwünscht, obwohl dies zu Heizenergieverlusten führt. Bändchen- oder Tuchgewebe mit Aluminiumanteilen weisen zusätzlich noch eine verringerte Durchlässigkeit für **langwellige Wärmestrahlung** auf und tragen zu noch höherer Energieeinsparung bei.

Tab. 11 Energieeinsparung durch verschiedene Energieschirmmaterialien (Degen und Schrader 2009)

Material	Energieeinsparung bezogen auf das ganze Haus
Acryl	20 bis 25 %
Aluminisiertes Material	30 bis 35 %

Voraussetzung: Schirm muss dicht schließen!

Die Höhe der Einsparungen durch einen Energieschirm hängt in sehr viel stärkerem Maße von der Qualität der **Abdichtungen** als von der Qualität des Energieschirmmateriales ab. Der Energieschirm muss so montiert sein, dass möglichst wenige Verluste durch Wärmeleitung und Luftwechsel an den Bauteilabschlüssen (z. B. Binder, Rinnen) auftreten. Bei einer guten Abdichtung liegt die Temperatur über dem Schirm im Mittel zwischen der Außentemperatur und der Temperatur unter dem Schirm. Die Dichtigkeit des Energieschirmes kann nach dem **V_{Luft}-Verfahren** folgendermaßen ermittelt werden:

V_{Luft} = (Temperatur über dem Schirm – Außentemperatur)/(Temperatur unter dem Schirm – Außentemperatur)

In Gewächshäusern ohne Energieschirm beträgt V_{Luft} = 1. Ein gut isolierender Schirm verringert den V_{Luft}-Wert bis auf 0,3.

Bei großen Gewächshausanlagen konnte man in Versuchen nachweisen, dass diese sich bei niedrigen Nachtemperaturen etwas „zusammenziehen“ und tagsüber ausdehnen. Dadurch können sich an den Stoßstellen der Energieschirmbahnen nachts mehrere Zentimeter schmale Spalten bilden. Moderne Steuerungssysteme stellen über eine entsprechende Nachsteuerung sicher, dass die Schirme geschlossen bleiben.

Es wird auch mit **doppellagigen Schirmsystemen** gearbeitet. Der Schirm mit höherer Luftdurchlässigkeit dient dann der Schattierung. Sind beide Schirme zugezogen, entsteht im Zwischenraum ein Luftpolster, das eine gute Isolierwirkung zur kälteren Luft im Dachbereich aufweist. Da es in der Vergangenheit aufgrund der Brennbarkeit des Energieschirmmateriales häufiger zu Unfällen gekommen ist, haben feuerfeste Kunststoffe (B1-Materialien) eine zunehmende Bedeutung erlangt. In Schweden ist die Verwendung dieser Schirme mittlerweile Pflicht. Bei geschlossenem Energieschirm bzw. einer geschlossenen Schattierung kann sich ein Feuer im Gewächshaus sehr schnell ausbreiten. Die zunehmende Verwendung der Assimilationsbelichtung erhöht das Brandrisiko. Auch Schweißarbeiten können ein schnell um sich greifendes Feuer verursachen. Seit 2003 gibt es das sogenannte **„Firebreak“-Gewebe** mit feuerhemmenden Eigenschaften. Dieses Material besitzt entlang der Ränder der einzelnen Energieschirmsegmente einen 40 cm breiten „Firebreak“-Streifen, der nur sehr langsam abbrennt. Stoßen zwei Energieschirm-Segmente aneinander, erhöht sich die „Firebreak“-Fläche somit auf 80 cm. Dieser Feuerschutzwall verlangsamt oder verhindert ein Überspringen der Flamme auf das nächste Energieschirmsegment. Seit dem 1. Januar 2006 sind schwer

Kosten
Bei nachträglichem Einbau und bei kleinen Flächen betragen diese etwa 20 €/m², bei einem Neubau 5 bis 10 €/m².

Weihnachtsstern-Kulturen
Bei Weihnachtsstern-Kulturen wird das Wachstum über die Tageslänge gesteuert. Gewächshäuser in solchen Betrieben sind häufig mit einem Doppelschirm ausgestattet, wobei ein schwarzer (oder silberner) Schirm der Verdunkelung dient.

entflammbare Schirmtuch-Materialien (B1) Standard bei der Feuerversicherung.

6.3 Probleme

Eine gute Abdichtung zum Dachraum kann in schneereichen Wintern problematisch werden, da der Schnee auf dem Gewächshausdach nicht schmilzt. Das morgendliche Öffnen sollte schrittweise erfolgen, da sonst die Kaltluft aus dem Dachbereich in die Kulturen „fällt", was zu einer starken Temperaturabsenkung und je nach Empfindlichkeit zu Schäden an den Pflanzen führen kann.

Energieschirme behindern in „gerafftem" Zustand den Lichteinfall ins Gewächshaus ebenso wie eine Schattierung. Dachparallele Schirme werden meist als Schirmpakete in aufgerolltem Zustand im Dachbereich gelagert.

Die Wärmeabstrahlung eines Gewächshauses hängt vom Bewölkungsgrad ab. In sternklaren Nächten ist sie deutlich höher als bei bewölktem Himmel. Herkömmliche Regelstrategien berücksichtigen die Außentemperatur, die Windgeschwindigkeit und die Innentemperatur, nicht jedoch die Wärmeabstrahlung. Bei einer Temperaturabsenkung lassen sie den Energieschirm schließen und die Heizung hochfahren, was zu vergleichsweise hohen Temperaturen unter dem Energieschirm führt. Für den Energieverbrauch ist es günstiger, wenn der Schirm schließt, bevor die Temperatur im Gewächshaus abgesunken ist.

7 Wegeführung, Tische, Beete

Kulturflächen im Gewächshaus müssen so aufgeteilt werden, dass sie von den Arbeitskräften gut erreicht werden können und gleichzeitig die Nettokulturfläche möglichst groß ist.

7.1 Anforderungen

Da Gewächshäuser teure Betriebsmittel sind, müssen sie optimal genutzt werden. Der Wegeanteil an der Gesamtfläche soll daher möglichst gering sein. Häufig liegt er zwischen 20 und 30 %. Von 1000 Brutto-Quadratmetern [Bm^2] verbleiben demnach nur 700 bis 800 Netto-Quadratmeter [Nm^2] als Kulturfläche. Die Beet- oder Tischbreiten sowie die Anordnung der Kulturflächen müssen an das innerbetriebliche Transportsystem (von Hand, mit Wagen, mit Hänge- oder Rollenbahn) angepasst sein.

Bei der **Wegeführung** sind folgende Punkte zu beachten:
- kurze Transportwege: z. B. höchstens 10 bis 20 m bei Topfpflanzen,
- Breite des Hauptweges: 1,00 bis 1,20 m, befestigt, befahrbar,
- Breite der Seitenwege: bei Grundbeeten 0,40 bis 0,50 m, bei Häusern mit Tischen 0,60 bis 0,80 m,
- Beetbreite bei Grundbeeten: 2,00 bis 2,40 m,
- Tischbreite: Seite 1,00 bis 1,10 m, Mitte 2,00 bis 2,20 m.

7.2 Kulturflächen

Bodenbeete sind vor allem in Baumschulen, im Gemüsebau und in Schnittblumenbetrieben anzutreffen. Hier wachsen die Pflanzen ebenerdig im gewachsenen Boden. Bei langer Nutzung steigt die Gefahr, dass die Kulturen durch bodenbürtige Schad- und Krankheitserreger oder durch Salzschäden beeinträchtigt werden können. Sonderformen dieses Bodenbeetes sind das **Grundbeet** (Beetboden ist z. B. durch Folie vom gewachsenen Boden getrennt), das **Bankbeet** (Bodenbeet mit 30 bis 50 cm hohen Wänden) und das **Trogbeet** (Bankbeet, das durch Folie oder Beton vom Boden getrennt ist).

Sonderformen des Bodenbeetes sind:
- Grundbeet
- Bankbeet
- Trogbeet.

Tischbeete sind vorwiegend im Zierpflanzenbau bei Topfkulturen verbreitet. Sie bestehen aus Betonfertigteilen, feuerverzinkten Stahlkonstruktionen oder in neueren Häusern aus Aluminium. Moderne Tisch-Unterkonstruktionen bestehen aus verzinktem Stahl (z. B. 40 mm Vierkantrohr). Um einer elektrochemischen Korrosion vorzubeugen, muss darauf geachtet werden, dass es keine direkte Dauerverbindung zwischen der Unterkonstruktion und Tischbelägen aus Aluminium gibt. Folgende Tischbeläge sind erhältlich: Ebbe-Flut-Wanne, verzinkter Gitterbelag, Gitterbelag VA, Aluminiumblech und

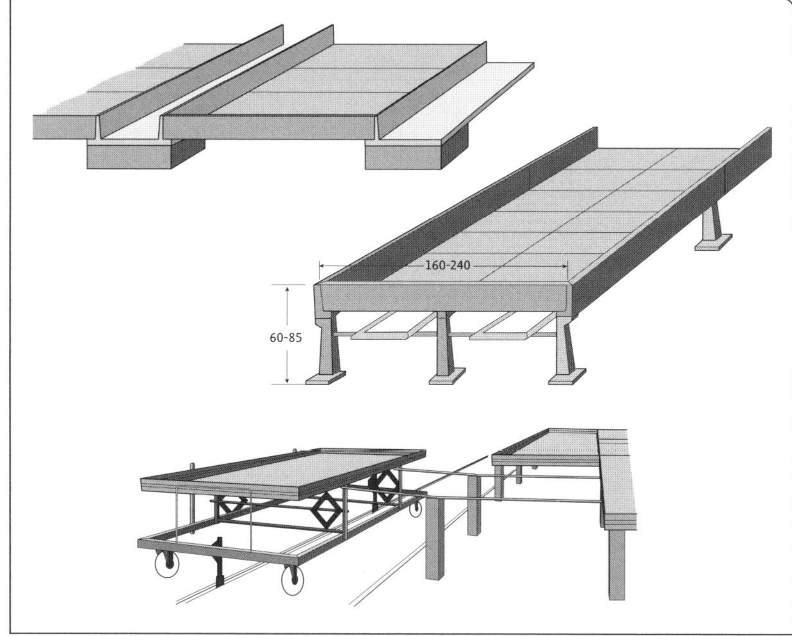

Abb. 22 Boden- und Tischbeete: oben) Bodenbeet (Trogbeet), Mitte) Tischbeet aus Beton mit Untertischheizung, unten) Mobiltisch (aus DEGEN und SCHRADER 2009).

Alu-Rinne. Häufig verläuft die Rohrheizung unter den Tischflächen (= **Untertischheizung**). Um eine gebückte Arbeitshaltung zu vermeiden, sind Tischhöhen von 0,80 m günstig. **Rolltische** gewährleisten eine bessere Ausnutzung der Gewächshausfläche. Bei diesen Tischen kann die Tischplatte um 50 bis 60 cm seitlich verschoben werden. Die Unterkonstruktion muss dann mit einem Verrollmechanismus durch Rundrohre ausgestattet sein. Es ist dann statt mehrerer Wege nur noch ein Weg nötig. Die Nutzfläche des Gewächshauses steigt dadurch auf 80 bis 86 %. Allerdings nimmt der Arbeitsaufwand zu und die Investitionskosten sind erhöht. Mobiltische sind nicht standortgebunden. Der Transport der Tischwannen erfolgt von Hand, teil- oder vollautomatisch auf fest installierten Rollbahnen. Es können ein oder mehrere Mobiltisch-Wannen auf einmal zu einem zentralen Arbeitsplatz transportiert werden. Das System ermöglicht eine hohe Mechanisierung und senkt den Arbeitskräftebedarf. Die Gewächshausnutzfläche beträgt hier mehr als 90 %.

Energieeinsparung

Eine verbesserte Ausnutzung der Gewächshausgrundfläche und eine genaue Planung der Flächenbelegung erhöhen die Flächenproduktivität und verringern die Energiekosten pro Pflanze. Eine Energieeinsparung um bis zu 10 % ist dadurch möglich.

8 Bewässerung

Für Gewächshauskulturen werden häufig geschlossene Bewässerungsverfahren eingesetzt. Das Überschusswasser beim Gießen versickert dabei nicht, sondern wird wieder aufgefangen und zur Wiederverwendung in einen „geschlossenen“ Kreislauf zurückgeführt.

8.1 Ebbe-Flut-Bewässerung (Anstaubewässerung)

Bei diesem Bewässerungsverfahren stehen die Pflanzen auf Tischen. Die Tische sind mit einer wasserdichten Wanne ausgekleidet, die zur gleichmäßigeren Wasserverteilung mit Rillen versehen ist. Bei jedem Bewässerungsvorgang werden die Tische geflutet, bis die Topfpflanzen ein bis zwei Zentimeter hoch in Wasser bzw. Nährlösung (Wasser + Dünger) stehen. Nach einer gewissen Haltezeit (etwa 15 bis 30 Minuten) wird das Wasser wieder abgelassen und fließt zurück in ein Sammelbecken. Es können bei diesem System nur Pflanzen gemeinsam bewässert werden, die einen ähnlichen Wasserbedarf aufweisen.

Mehrere Tische werden dabei jeweils zu Gruppen zusammengeschlossen und gemeinsam angestaut. Wenn der Bewässerungsvorgang für eine Gruppe beendet und das Wasser wieder zurückgelaufen ist, beginnt die Bewässerung der nächsten Gruppe. Aus der Gruppengröße und der Wassermenge, die für jeden Tisch der Gruppe benötigt wird, ergibt sich die Größe des Sammelbeckens. Normalerweise genügt ein Speichervolumen von wenigen Kubikmetern. Die Wasser- und Düngermenge, die von jeder Gruppe aufgenommen wird, muss nachgespeist werden.

Beim Anstauvorgang muss gewährleistet sein, dass die Pflanzen danach kein Dränwasser verlieren. Nach Abschluss der Bewässerung sollte kein Wasser mehr aus den Töpfchen herauslaufen, da stehendes Wasser die Ausbreitung von Krankheiten begünstigt.

Ebbe-Flut-Bewässerungsanlagen lassen sich automatisieren und gewährleisten eine hohe Flexibilität beim Aufstellen und Rücken der Pflanzen. Die geschlossene Tischoberfläche führt jedoch zu einer schlechten Belüftung und Beheizbarkeit, vor allem bei Untertischheizung. Eine Variante dieser Bewässerung sind Betonwannen auf dem Boden für größere Pflanzen. Sie sind mit Staplern befahrbar.

Auslegung der Ebbe-Flut Bewässerung

10 mm Anstauhöhe entsprechen 10 l/ m². Dazu kommen noch etwa 4 bis 5 Liter für die Rillen des Belags. Die Pumpenauslegung und die Festlegung der nacheinander zu bewässernden Abschnitte (Flächen) sollten so erfolgen, dass jede Pflanze alle zwei Stunden bewässert werden kann.

Abb. 23 Ebbe-Flut-Tisch.

8.2 Fließrinnenbewässerung

Bei diesem System stehen die Pflanzen in 12 cm breiten Aluminiumrinnen, die auf einem Tischrahmen mit Gefälle (1 %) montiert sind. Über ein Verteilrohr wird Wasser von einer Seite auf die Rinnen gepumpt, fließt die Rinnen entlang, wird auf der anderen Seite wieder aufgefangen und läuft schließlich zurück in den Sammelbehälter. Die Abstände zwischen den Rinnen ermöglichen eine gute Durchlüftung und Beheizung der Pflanzen von unten. Allerdings können die Pflanzen nicht gerückt werden.

8.3 Palettenrinnen

Die Pflanzen stehen in 12 cm breiten und 2,00 m langen Querrinnen auf den Tischen. Die Rinnen werden über Tropfschläuche etwa 5 mm hoch geflutet. Dieses System hat keinen Rücklauf. Die Menge der Nährlösung muss genau dem entsprechen, was die Pflanzen benötigen und während der Gießzeit aufnehmen können.

8.4 Fließmattenbewässerung

Auf dem Tisch liegt eine PE-Folie, die am Rand hochgezogen ist und dadurch eine Wanne bzw. breite Rinne bildet. Auf dieser Folie liegt eine (Glasfaser)Fließmatte. Sie saugt das Bewässerungswasser auf und sorgt für eine gleichmäßige Wasserverteilung. Die oberste Schicht bildet eine wasserdurchlässige Nadelfolie (Abdeckfolie). Sie stellt einen mechanischen Schutz der anderen Lagen dar und verhindert die Algenbildung auf der Glasfasermatte.

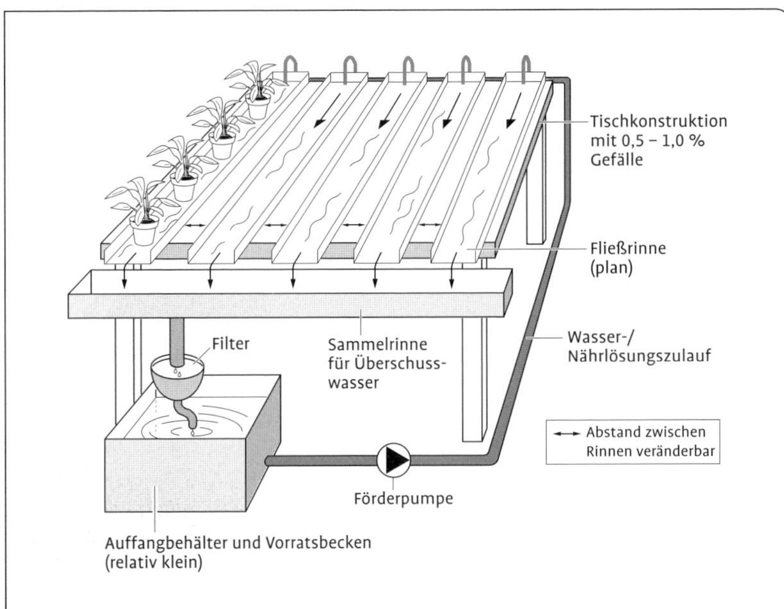

Abb. 24 Fließrinnenbewässerung (nach SACHWEH 2001).

Abb. 25 Schematischer Aufbau einer Fließmattenanlage (nach MÜLLER 2005).

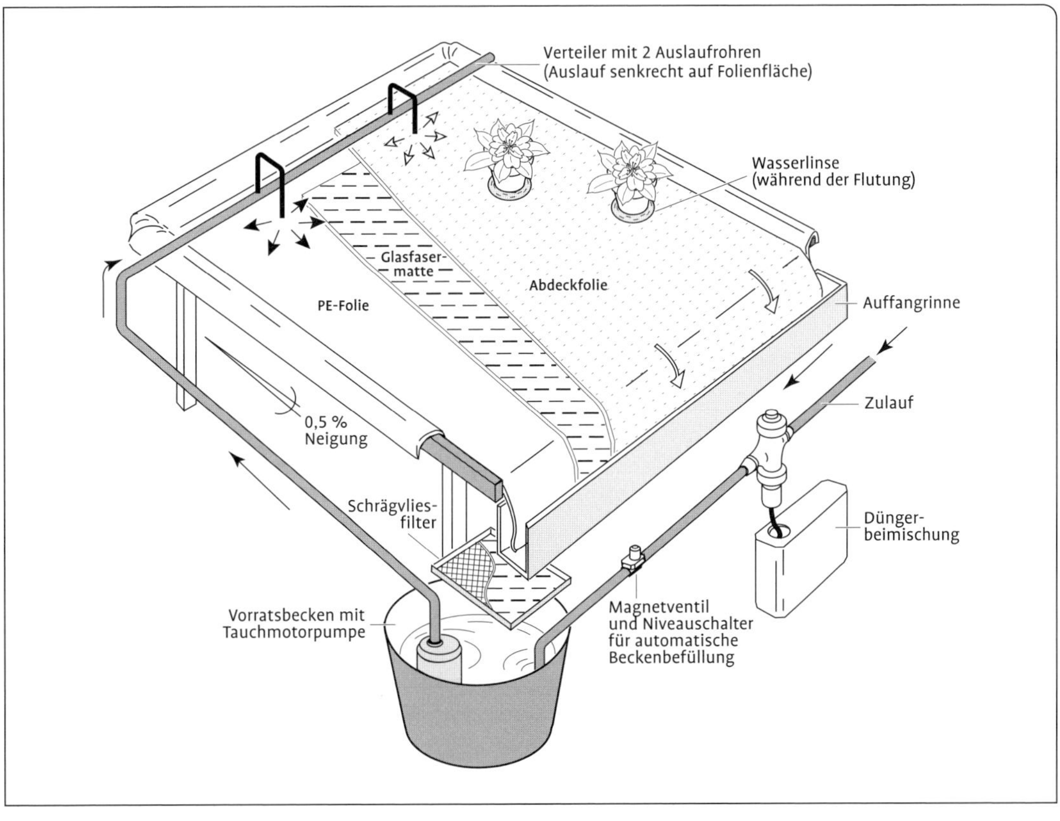

Das Wasser wird auf einer Tischseite auf den Tisch gepumpt und fließt auf der anderen Seite wieder zurück in den Sammelbehälter. Die Matte bleibt relativ lange feucht, was zu Pflanzenschutzproblemen durch hohe Luftfeuchtigkeit führen kann. Diese andauernde Wasserverdunstung entzieht der Umgebung Energie und führt über das dadurch notwendige Nachheizen zu einem erhöhten Energieverbrauch.

8.5 Tröpfchenbewässerung

Tropfbewässerungssysteme lassen das Wasser drucklos aus den Tropfelementen austreten. Die Tropfelemente können, ausgehend von einem **Verteilrohr**, aus einzelnen dünnen PE-Schläuchen (Außendurchmesser 2 bis 4 mm) oder aus **Tropfschlauchbündeln** bestehen, die direkt am Einzeltopf festgesteckt werden. Das Verteilrohr wird auf der Kulturfläche ausgelegt. Die Wasserversorgung von Reihenkulturen (z. B. im Gemüsebau oder bei Schnittblumenkulturen) erfolgt dagegen direkt über die Verteilrohre, die dann als poröse Tropfrohre ausgebildet sind.

Der Wasserdruck wird je nach System zum Beispiel durch enge Bohrungen, kleinste Kanäle (Mikrokanäle), doppelwandige Folienschläuche oder dünne PE-Schläuche bis auf Null gebracht. Alle Tropfsysteme werden über eine **Kopfstation** an das öffentliche oder eigene Leitungsnetz angeschlossen. Die Kopfstation besteht aus einem **Druckminderer** (senkt den Druck des öffentlichen Leitungsnetzes von etwa 4 bar auf 1,0 bis 1,5 bar), einem **Feinfilter** und einer Möglichkeit zur **Düngereinspeisung**. Beim Anschluss an das öffentliche Leitungsnetz muss die Anlage durch ein **Rückschlagventil** und einen **Rohrtrenner** abgesichert sein. Dies verhindert im Fall einer Störung ein Zurücksaugen verunreinigten Wassers (z. B. durch eine Düngerlösung) ins öffentliche Netz.

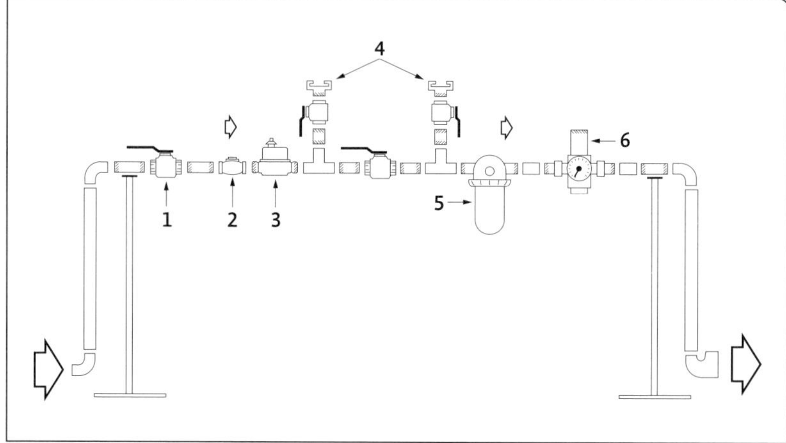

Abb. 26 Kopfstation Tröpfchenbewässerung:
1 = Absperrventil,
2 = Rückschlagventil,
3 = Wassermengenbegrenzer,
4 = Düngereinspeisung,
5 = Feinfilter,
6 = Druckreduzierventil
(nach Firmenprospekt Drossbach – Agro-Drip).

Die Tropfbewässerungsanlage lässt sich im einfachsten Fall durch einen sogenannten **Wassermengenbegrenzer** automatisieren. Beim diesem Gerät wird jeder Bewässerungsvorgang vom Gärtner eingeleitet. Die Startzeit und die Höhe der Wassergabe legt er dabei nach eigenen Erfahrungen fest. Der Wassermengenbegrenzer schaltet nach Durchfluss der von Hand eingestellten Wassermenge automatisch ab. Es handelt sich hierbei um ein halbautomatisches Verfahren. Vollautomatische Anlagen setzen das Vorhandensein eines **Magnetventils** voraus. Das Öffnen und Schließen des Ventils kann beispielsweise über einen **Tensiostaten** geregelt werden. Das Vorhandensein eines **Absperrventils** erlaubt es, die Kopfeinheit vom Leitungsnetz zu trennen und ermöglicht Pflege- und Wartungsarbeiten.

Die Tröpfchenbewässerung wird oft in Kombination mit erdelosen Kulturverfahren, z. B. Kultur in Steinwolle, verwendet. Die Pflanzen stehen dabei auf Rinnen, über die das Überschusswasser (30 %) zurück in den Sammelbehälter fließt.

8.6 Bewässerung für substratlose Kulturen (Wurzelsprühkultur = Aeroponik)

Bei diesem Verfahren sitzen die Pflanzen in speziellen Halterungen und die Wurzeln werden von unten mit Wasser und Nährlösung besprüht.

8.7 Düsenrohrbewässerung

Meist sind Düsen auf PVC-Rohre (es gibt auch Alu-Rohre) geschraubt, die über den Kulturen hängen. Das System ist verhältnismäßig preisgünstig. Es benötigt jedoch relativ große Wassermengen und verteilt je nach Düsentyp das Wasser oft unregelmäßig. Das Wasser wird fein zerstäubt und ist damit windanfällig. Das System ist deshalb für Freilandkulturen eher weniger geeignet. Die Bewässerung erfolgt zeit-

Tensiostat

Dieses Gerät schaltet die Bewässerung in Abhängigkeit von der Substratfeuchte ein und aus. Es besteht aus einem **Tensiometer** und einem Schaltelement (**Unterdruckwächter**). Ein Tensiometer ist ein wassergefülltes, dicht verschlossenes Rohr, das an der Spitze eine wasserdurchlässige Ton- oder Keramikzelle und am anderen Ende ein Manometer (Unterdruckanzeige) oder eine Schaltdose bzw. einen elektronischen Sensor besitzt. Ist das Substrat trocken, wird Wasser kapillar nach außen gesaugt. Es entsteht ein Unterdruck im Rohr (Saugspannung), der die Anzeige steigen lässt bzw. zum Schalten genutzt wird. Daraufhin beginnt der Bewässerungsvorgang. Bei genügend Feuchte im Substrat wird die Flüssigkeit ins Rohr zurückgesaugt, der Unterdruck nimmt ab und der Bewässerungsvorgang endet.

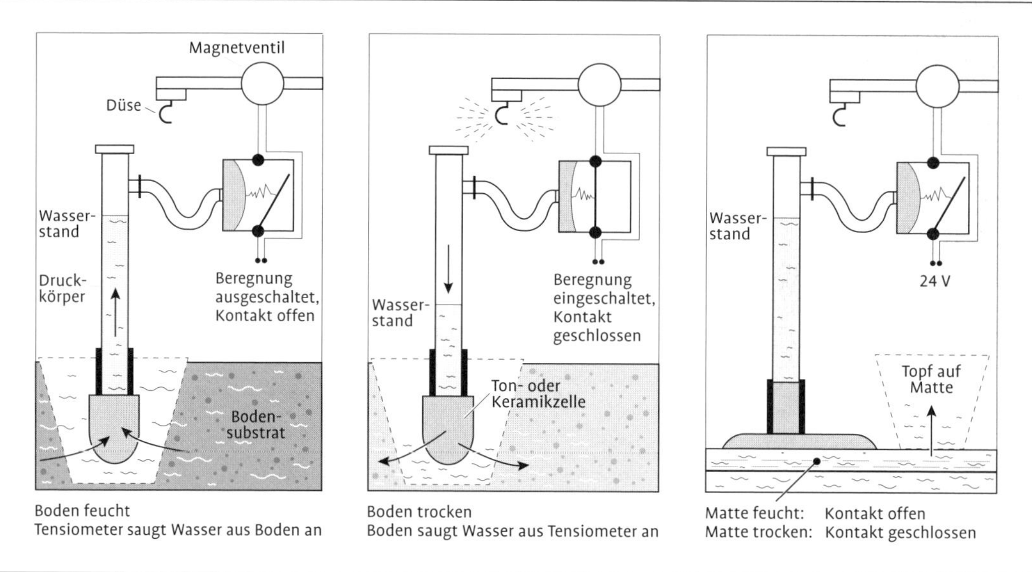

Abb. 27 Funktionsprinzip eines Tensiometers (nach MÜLLER 2005).

gesteuert in Gruppen über Magnetventile. Wird mit diesem System gleichzeitig Dünger ausgebracht, führt dies zu Salzanreicherungen. Es können sogar Korrosionserscheinungen an der Gewächshauskonstruktion auftreten.

8.8 Gießwagen

Gießwagen können das Wasser selbst auf großen Flächen relativ gleichmäßig ausbringen. Ihre Arbeitsbreite ist normalerweise identisch mit der Haus- bzw. Schiffbreite. Die Düsen sind an einem Trägergestell angebracht, welches in Längsrichtung des Gewächshauses hin- und hergefahren werden kann. Der Antrieb erfolgt meist über einen Elektromotor. Der Führung des Trägergestells dienen normalerweise Laufschienen, die in Traufenhöhe (= **„hängende Bauart"**) angebracht sind. Es existieren auch Modelle, die auf Schienen (z. B. 1-Zoll-Stahlrohr) oder auf Rädern (U-Profil) bewegt werden (= **„stehende Bauart"**). Man unterscheidet bei der „hängenden Bauart" zwei Typen. Beim ersten System erfolgt die Schlauch- und Kabelführung in einer sogenannten Energiekette parallel zur Laufschiene. Das preiswertere zweite System führt Wasser und Strom mit einem Schlauchpaket direkt zum Antrieb. Das hängende Schlauchpaket verursacht jedoch einen unerwünschten Schattenwurf. Durch unterschiedliche Fahrgeschwindigkeiten und über die Zahl der Bewässerungsvorgänge ist eine Anpassung an unterschiedliche Pflanzenansprüche möglich. Mit einer entsprechenden Umrüstung kann der Gießwagen auch zur Ausbringung von Pflanzenschutzmitteln, zur Pflanzenbelichtung und für Transportzwecke genutzt werden. Über den Einsatz von Licht-

Abb. 28 Gießwagen.

Tab. 12 Beurteilung von Bewässerungssystemen (KTBL 1988)							
Merkmal			Tropfbewässerung				
	Düsenrohr	Gießwagen	Tropfrohr	Einzeltopf	Matte + Tropfbewässerung	Fließrinne	Ebbe-Flut-System
Verteilgenauigkeit	––	+	+	++	+	++	++
Wasserverbrauch und -verlust	––	––	+–	++	+–	++	++
Klimaeinfluss	––	––	+	++	+–	++	+
Funktionssicherheit	+	+	+	+	+	++	+
Wartungsaufwand	+	+	(+–)	(+–)	(+–)	++	+
Arbeitsaufwand	+	+	+–	(––)	+	+–	++
Investitionskosten	++	+	+	–	+–	––	––

+ = im Vergleich positiv, – = im Vergleich negativ
(...) = unter bestimmten Gegebenheiten

Tab. 13 Vergleich der Investitionskosten pro m², bezogen auf 1000 m² (Ebbe-Flut-System = 100 %)	
Bewässerungssystem	%
Fließrinne	93
Tropfbewässerung Einzeltopf	84
Matte + Tropfbewässerung	73
Gießwagen	14
Düsenrohr	7,5
Tropfbewässerung (Tropfrohre)	6

schranken ist es möglich, den Bewässerungsvorgang bei Wegeflächen oder leeren Beeten zu stoppen und dadurch Wasser zu sparen (**Impulsgießwagen**). Ein häufig auftretendes Problem ist das Nachtropfen von Düsen, was zu Kulturschäden führen kann. Durch eine entsprechende Wartung und Düsenauswahl ist Abhilfe möglich.

8.9 Rücklaufbecken

Bei allen Verfahren, die Rücklaufwasser in ein Sammelbecken führen, findet immer eine Anreicherung bestimmter Salze in der Nährlösung statt. Es ist deshalb eine ständige Überwachung notwendig. Gemessen werden dabei die Leitfähigkeit und der pH-Wert. Über eine Düngerstation können zum Ausgleich unterschiedliche Stammlösungen zudosiert werden. Gesteuert wird dies meist über einen Düngercomputer oder den Gewächshauscomputer. Die Wassernachspeisung kann über Stadtwasser, einen eigenen Brunnen oder über Regenwassersammelbecken erfolgen.

8.10 Möglichkeiten der Wasserspeicherung

Regenwassersammelbecken dienen dem Auffangen des Regenwassers vom Dach der Gewächshausanlage. Regenwasser ist unbelastet, härtefrei und kostet nichts.

Erdbecken mit Folienauskleidung. Das ausgebaggerte Becken wird mit Folie ausgekleidet (PVC, PE, Copolymerisat-Folie). Während PVC-Folie UV-stabil ist, benötigt PE-Folie am Rand einen UV-Schutz. Sie weist eine wesentliche geringere Haltbarkeit auf als andere Folienarten.

Abb. 29 Erdbecken mit Folienauskleidung.

Stahlfolienbecken. Diese fertigen Becken bestehen aus Wellblech, welches mittels Spannbändern in Form gehalten wird. Es ist mit Folie ausgekleidet. Der Standort dieser Becken kann bei Bedarf verändert werden. Sie sind jedoch relativ teuer, windanfällig und weisen ein begrenztes Volumen auf (bis etwa 100 m^3 Wasser).

Betonbecken. Betonierte Becken sind die teuerste Lösung. Sie können auch begehbar oder befahrbar ausgebildet sein. Bei Gewächshausneubauten besteht die Möglichkeit, diese als Tiefbehälter unter das Gewächshaus zu bauen. Diese Platz sparende Variante beugt auch einer Verunreinigung des Wassers vor. Betonbecken sind sehr langlebig und verursachen nur geringe Unterhaltskosten.

Optimale Beckengrößen liegen zwischen 100 und 200 m^3 / 1000 m^2 Kulturfläche (mindestens aber 50 m^3 / 1000 m^2). Es muss für die jeweiligen Kulturen geprüft werden, ob der Zinkeintrag über die Rinnen der Gewächshausanlage ein Problem darstellt. Das Schwitzwasser im Gewächshaus, das normalerweise in die Fallrohre eingeleitet wird, muss separat abgeführt werden. Wenn die örtlichen Gegebenheiten geeignet und auch Genehmigungen erhältlich sind, kann auch ein Brunnen gebohrt werden. Das geförderte Wasser wird dann in einem Wasservorratsbecken gesammelt, um einen Puffer zwischen Förderung und Verbrauch zu schaffen.

8.11 Wasserbeschaffenheit

Wenn das verfügbare Wasser einen ungünstigen Härtegrad besitzt, kann dies durch Anpassung der Stickstoffdüngung und über eine Einstellung das pH-Wertes im Substrat ausgeglichen werden. Ist der Zinkgehalt zu hoch (Regenrinnen), muss mit Stadtwasser verschnitten werden. Zu hohe Salzgehalte im Wasser erfordern eine chemische Wasseraufbereitung mit Ionenaustauschern. Eine Entkeimung des Rücklaufwassers zur Verhinderung der Übertragung von Krankheitserregern erfolgt meist über Langsamfilter (große Sandfilteranlagen).

Gewächshausheizung

Zur Gewächshausheizung gehören neben der Heizzentrale und den Verteil- und Ringleitungen, das Heizungssystem, welches die Wärme im Gewächshaus auf die Kulturpflanzen überträgt. Die Regelanlage hält die Temperatur automatisch auf dem vorgegebenen Wert.

Die Heizzentrale umfasst folgende Einrichtungen:

- Feuerungsanlage (Heizkessel mit Brenner),
- Sicherungseinrichtungen (z. B. Sicherheitsventil und Ausdehnungsgefäß),
- Regelorgane und Regelgeräte (Mischgruppen und Elektronik),
- Schornstein,
- Brennstofflager (z. B. Öltank) mit Fördereinrichtungen.

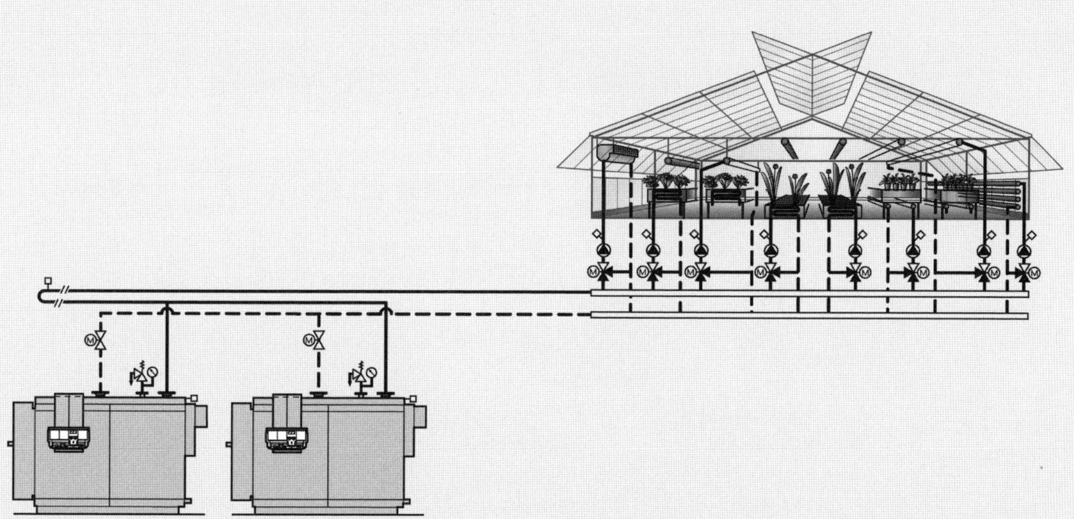

9 Heizkessel

Ein Heizkessel dient der Umsetzung von chemischer in thermische Energie. Dabei werden durch einen Brenner die Brennkammer des Kessels und die Rauchgaszüge erwärmt. Rund um die Brennkammer und die Rauchgaszüge befindet sich in der Regel Wasser, welches durch die Verbrennungswärme erhitzt wird. Im Kessel erfolgt die möglichst vollständige Übertragung der bei der Verbrennung erzeugten Wärme auf den Wärmeträger Wasser (bei direkt befeuerten Luftheizungen auf den Wärmeträger Luft).

Einteilung der Heizkessel nach:

- Rauchgasführung: Kessel mit Umkehrflamme, Zweizugkessel, Dreizugkessel,
- Heizkesselmaterial: Guss-, Stahl-, Edelstahlkessel,
- Temperaturführung: Konstant-, Tieftemperatur-, Niedertemperaturkessel,
- Nutzung der in den Abgasen vorhandenen Wärme: Heiz(wert)-, Brennwertkessel,
- Brennstoff: Öl-, Gas-, Festbrennstoffkessel.

9.1 Heizkessel-Bauarten

9.1.1 Zwei- und Dreizugkessel (Rauchgasführung)

Heizungskessel mit Umkehrflamme als Zweizugkessel. Bei diesem Kessel endet der Brennraum an einer wassergekühlten Wand. Die Verbrennungsgase kehren am Ende des Brennraumes um, strömen zurück und umschließen dabei die Flamme (Heiße Brennkammer). Die durchschnittlichen Flammtemperaturen sind relativ hoch. Die zurückströmenden Verbrennungsgase verringern die direkte Wärmeabgabe der Flamme an den wassergekühlten Brennraum und kühlen diese dabei ab. Die Turbulenzen der rückströmenden Gase helfen dabei, eine vollständige Verbrennung zu erreichen. Anschließend werden die Rauchgase umgelenkt und strömen nach hinten zurück (= 2. Zug). Die Rauchgase verlassen den Kessel an der Rückseite und werden von dort über das Rauchrohr in den Schornstein geleitet. Hohe Temperaturen im Brennraum begünstigen die Entstehung umweltschädlicher Stickoxide. Dies kann aber durch eine exakte Abstimmung von Brenner und Brennraumgeometrie weitgehend vermieden werden.

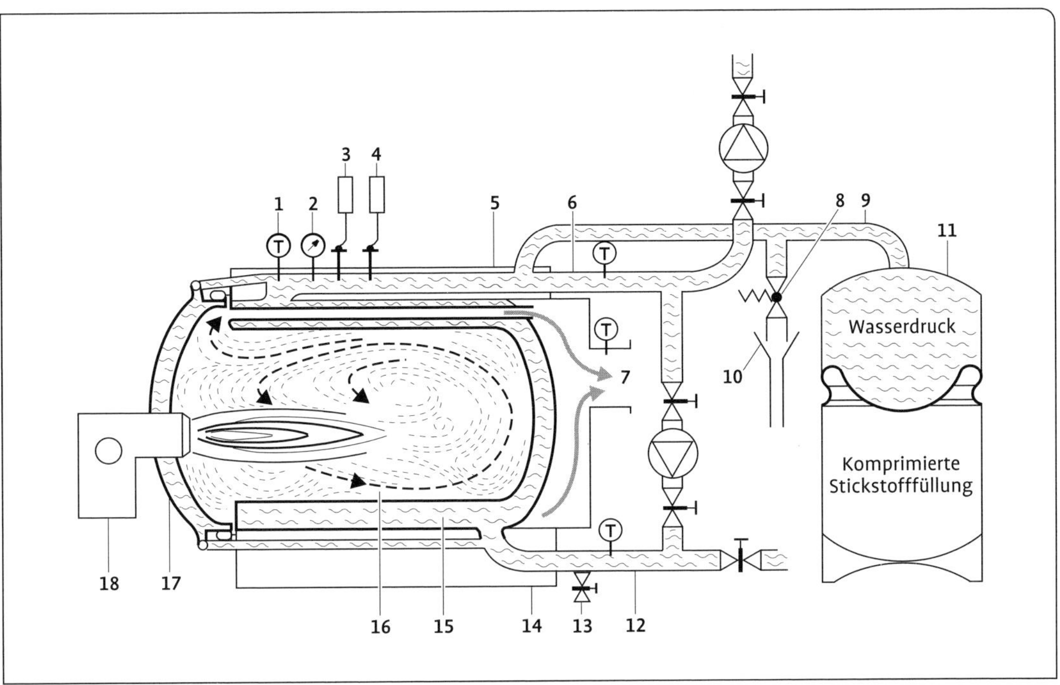

Abb. 30 Kessel mit Umkehrflamme: 1 = Thermometer (Kesselwassertemperatur), 2 = Wasserstandsanzeiger, 3 = Temperaturregler, 4 = Sicherheits-Temperatur-Begrenzer, 5 = Verkleidung und Isolierung, 6 = Vorlauf (VL), 7 = Rauchgasstutzen (Fuchs), 8 = Sicherheitsventil, 9 = Sicherheitsleitung, 10 = Ausblaseleitung (Abfluss), 11 = Membranausdehnungsgefäß (MAG), 12 = Rücklauf (RL), 13 = Schieber zum Füllen und Entleeren, 14 = Fundament, 15 = Wassermantel, 16 = Flammrohr, 17 = Kesseltür, 18 = Brenner (nach VELMANS 1993c).

Dreizugkessel. Im Gartenbau ist der Dreizugkessel (siehe Farbtafel vordere Umschlaginnenseite, Abb. 3) sehr verbreitet. Der Name leitet sich von der Rauchgasführung im Kessel ab. Im Flammrohr (= Brennraum = 1. Zug) soll der Brennstoff vollständig ausbrennen und den größten Teil seiner Energie (etwa 75 %) auf das Wasser übertragen. Am Ende des Flammrohres werden die Rauchgase umgelenkt und strömen durch die Rauchrohre nach vorn zurück (2. Zug). Dort werden sie erneut umgelenkt und wieder durch Rauchgasrohre zum Kesselende geleitet (3. Zug). Im zweiten und dritten Zug soll noch möglichst viel von der Restwärme der Rauchgase auf das Kesselwasser übertragen werden. Am Kesselende verlassen die Rauchgase den Kessel über die Rauchgassammelkammer und das Abgasrohr. Anders als beim Kessel mit Umkehrflamme, wird die Flamme beim Dreizugkessel nicht von zurückströmenden Verbrennungsgasen umschlossen. Sie kann mehr Wärme abgeben und die Rauchgase verlassen den Brennraum schneller. Im Dreizugkessel entstehen konstruktionsbedingt weniger Stickoxide als im Zweizugkessel.

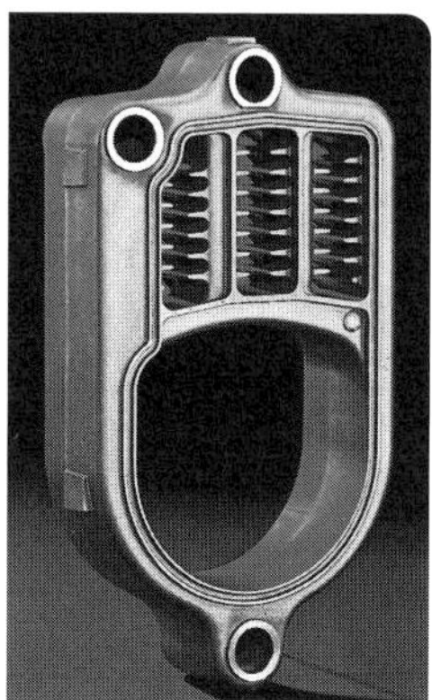

Abb. 31 Einzelnes Segment eines Gussgliederkessels (Vitorond).

9.1.2 Guss-, Stahl- und Edelstahlkessel (Heizkesselmaterial)

Üblicherweise kommen im Gartenbau Stahlheizkessel zum Einsatz. Bei beengten Verhältnissen und schwieriger Einbausituation erhält der Gusskessel (aus Grauguss) den Vorzug. Tabelle 14 zeigt Vor- und Nachteile der Kesseltypen.

Gusskessel bestehen aus einzelnen Gliedern, die vor Ort zusammengenippelt oder fertig montiert geliefert werden können. Die Abdichtung der Einzelsegmente erfolgt durch dauerelastische Dichtschnur. Der Zusammenhalt wird durch Zuganker sichergestellt. Das Vorder- und das Hinterglied besitzen entsprechende Anschlüsse für Abgase und Heizwasser sowie eine Brennertür und eine Reinigungsöffnung. Guss hat eine hohe Korrosionsbeständigkeit. Gusskessel sollten im Sommer nicht abgeschaltet werden, weil dadurch Spannungen im Kessel entstehen, die beim Wiederanfahren zu Undichtigkeiten führen können.

9.1.3 Niedertemperaturkessel (Temperaturführung)

Der **N**ieder**t**emperaturkessel (NT-Kessel) ist eine Weiterentwicklung des Standardkessels. Der herkömmliche Standardkessel wird während der gesamten Betriebszeit unabhängig von der Außentemperatur auf 70 bis 90 °C Temperatur gehalten. Dies führt zu unnötig hohen Abgas- und Abstrahlverlusten. Die Einstellung der Vorlauftemperatur erfolgt über einen Mischer. Beim NT-Kessel wird die Kesseltemperatur der Außentemperatur angepasst. Das Kesselwasser wird nur so weit erwärmt, wie es nötig ist, das Gewächshaus bei den gerade herrschenden Außentemperaturen zu beheizen. Bei dieser sogenannten gleitenden Anpassung der Kesselwassertemperatur kann die Vorlauftemperatur unter Umständen nur noch 50 °C und die Rücklauftemperatur 40 °C betragen. Damit es bei diesen niedrigen Temperaturen im Kessel nicht zu rauchgasseitiger Korrosion kommt, müssen die Rauchgasrohre/-züge einen zwei- oder dreischichtigen Aufbau haben (z. B. Composit-Rohre mit zwei Schichten oder Triplex-Rohre mit dreischichtigem Aufbau). Der Kessel benötigt außerdem eine Einrichtung zur Rücklaufanhebung. Die Rauchgase geben einen großen Teil ihrer Wärme an die Wände der Rauchgaszüge ab. Die Wandtempera-

Tab. 14 Vergleich von Guss- und Stahlkessel

Gussgliederkessel	Stahlheizkessel
+ korrosionsbeständig + über Anzahl der Glieder gute Leistungsanpassung + nachträgliche Erweiterung oder Verkleinerung möglich + in engen Räumen montierbar – schwer und teuer – stoß- und schlagempfindlich – sollte nicht abgeschaltet werden	+ großer Wasserinhalt → besser regelbar → weniger Brennerstarts + optimale Anpassung des Brennraums (Länge, Durchmesser) an Leistungsbedarf + relativ leicht + relativ preiswert + kann im Sommer abgeschaltet werden

Composit-Rohr

Ein Composit-Rohr besteht aus zwei ineinander liegenden Rohren, die durch einen Zwischenraum voneinander getrennt sind. Das Innenrohr ist von einem Metallband spiralförmig umwickelt. Der Wärmeübergang der Rauchgase zum Wasser findet über dieses Metallband statt. Über einen unterschiedlichen Abstand der Metallbandwindungen wird der Wärmeübergang so gesteuert, dass die Taupunkttemperatur in den Rauchgaszügen möglichst nicht unterschritten wird. Eine andere Konstruktion ist das Verbundrohr. Dies sind ineinander liegende Rohre, die in gewissen Abständen miteinander verpresst sind, um einen definierten Wärmeübergang zu gewährleisten.

tur der Züge darf nicht niedriger liegen als der Wasserdampftaupunkt der Rauchgase. Bei mehrschichtigen Heizflächen ist das Temperaturgefälle zwischen der Rauchgasrohrwand und dem Kesselwasser so gering, dass es nicht zur Kondensation kommt. NT-Kessel erreichen Nutzungsgrade von 91 bis 94 %. Die Abgastemperatur nach dem Kessel kann unter 130 °C sinken, was besondere Anforderungen an das Material des Schornsteins stellt. Es muss unempfindlich gegenüber Feuchte sein, da sich wegen der niedrigen Abgastemperatur Kondenswasser bildet (→ Durchfeuchtung, Versottung des Schornsteins).

9.1.4 Brennwertkessel (Nutzung der Abgaswärme)

Brennstoffe bestehen aus Kohlenwasserstoffen (C, H). Bei ihrer Verbrennung entsteht unter anderem Wasserdampf. Im Standardheizkessel wird der Wasserdampf und damit die Verdampfungswärme mit den Rauchgasen über den Schornstein abgegeben. Werden die Abgase bis unter den Taupunkt abgekühlt (z. B. von 160 °C auf 40 °C), kann neben der fühlbaren Wärme auch ein großer Teil der Verdampfungswärme (= latente Wärme) aus den Abgasen gewonnen werden. Mit Hilfe der Brennwerttechnik kühlt man die Abgase über einen Wärmetauscher oder in den Rauchgaszügen soweit ab, dass der Wasserdampf kondensiert und die dabei zusätzlich freiwerdende Verdampfungswärme (Enthalpie) genutzt werden kann. Die stark abgekühlten Rauchgase werden mit Hilfe eines Gebläses nach außen befördert.

Zusammen mit dem kondensierten Wasserdampf löst sich auch ein Teil der im Abgas befindlichen Schadstoffe (Kohlenmonoxid, Kohlendioxid, Schwefeloxide, Stickoxide, Chlorwasserstoff). Diese Stoffe bilden Säuren, wenn sie im Kondenswasser in Lösung gehen (Kohlensäure, schweflige Säure, Schwefelsäure, salpetrige Säure, Salpetersäure, Salzsäure). Das Brennwert-Kondensat weist bei der Erdgasverbrennung einen pH-Wert zwischen 3,5 und 5,5 und bei der Heizölverbrennung einen pH-Wert zwischen 1,5 und 3,0 auf. Kessel und Kamin müssen deshalb aus korrosionsbeständigem Material be-

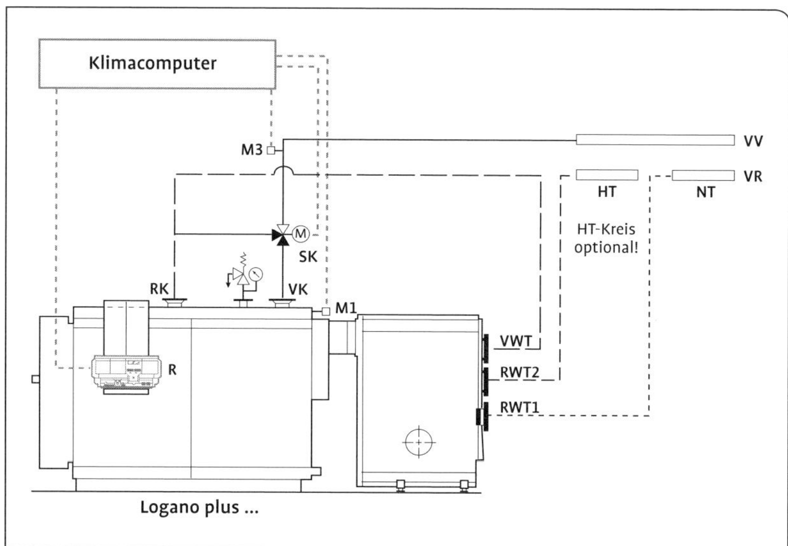

Abb. 32 Kessel mit nachgeschaltetem Brennwertgerät: HT = Hochtemperaturrücklauf, M1 = Messstelle Kesselwassertemperatur, M3 = Messstelle Vorlauftemperatur Kessel, NT = Niedertemperaturrücklauf (NT-Sammler), R = Regelgerät Logamatic 4212, RK = Kesselrücklauf, RWT1 = NT-Rücklauf Brennwert-Wärmetauscher, RWT2 = HT-Rücklauf Brennwert-Wärmetauscher, SK = Drei-Wege-Kesselkreis-Stellglied (Mischer), VK = Kesselvorlauf, VR = Rücklaufverteiler, VV = Vorlaufverteiler, VWT = Vorlauf Brennwert-Wärmetauscher (nach Bosch Thermotechnik GmbH, Buderus Deutschland).

stehen (Einbauten aus Glas, Keramik, Kunststoff, Edelstahl). Abhängig vom Brennstoff muss das Kondensat bei größeren Anlagen vor der Einleitung ins Abwasser neutralisiert werden (z. B. mit Magnesiumhydrat, $Mg(OH)_2$). Dies ist grundsätzlich immer bei Öl-Brennwertkesseln, die mit Standard-Heizöl betrieben werden, und bei Gas-Brennwertkesseln über 200 kW Nennwärmeleistung der Fall. Unter 200 kW ist eine Einleitung des nicht neutralisierten Kondensats in das Abwassersystem mit der unteren Wasserbehörde abzustimmen. Da der pH-Wert des Abwassers im öffentlichen Leitungssystem im alkalischen Bereich (über pH 7) liegt, darf das Kondensat kleinerer Anlagen unbehandelt eingeleitet werden. Es ist darauf zu achten, dass alle Abwasserleitungen bis zur Einleitungsstelle ins öffentliche Netz aus säurefestem Material bestehen. Durch die Brennwert-Technik kann bei Erdgas ein theoretischer Mehrnutzen von 11 % und bei Heizöl von 6 % erzielt werden. In Gewächshausbetrieben liegt der mögliche Mehrnutzen bei etwa der Hälfte des theoretisch möglichen. Aufgrund des Mehraufwandes bei Ölbetrieb (Spezialwerkstoffe und entschwefeltes Heizöl) wird Brennwerttechnik hauptsächlich bei Gasbetrieb eingesetzt. Um Brennwerttechnik sinnvoll einsetzen zu können, sind Heizsysteme notwendig, die möglichst ganzjährig mit einer maximalen Vorlauftemperatur von 50 °C betrieben werden können. Die traditionell eingebauten Rohrheizflächen sind für eine Temperaturspreizung von 90 °C / 70 °C Vor- / Rücklauf ausgelegt. Demgegenüber wird bei einer Temperaturspreizung von 70 °C / 50 °C die 1,6-fache Rohrmenge notwendig, um die gleiche Wärmeabgabe zu erreichen. Bei einer Temperaturspreizung von 50 °C / 30 °C wäre die 3,25-fache Rohrmenge erforderlich. Bei 26 Rohren im Dachraum anstelle von 8 Rohren wäre dann an eine Kulturführung nicht mehr zu denken. Man erkennt, dass ohne entsprechend angepasste Niedertemperaturheizflächen (Fußbodenheizung, Vegetationsheizung, Luftheizung) Brennwerttechnik bei der Beheizung von Gewächshäusern nicht sinnvoll ist.

9.2 Wärmeübertragung in den Rauchrohren

Bei allen im Gartenbau gebräuchlichen Kesseln sind in den Rauchrohren sogenannte **Turbulatoren** oder **Wirbulatoren** eingesetzt. Diese spiralförmigen Einbauten verwirbeln die Rauchgase zusätzlich. Die dadurch gezielt erhöhte Turbulenz ergibt einen besseren Wärmeübergang von den Gasen an die Rauchrohre. Zum Reinigen des Kessels müssen diese Wirbulatoren allerdings entfernt werden.

Um eine dosierte Wärmeübergabe in den Rauchgaszügen zu erreichen, sind bei hochwertigen Kesseln die Rauchgaszüge zwei- oder dreischalig ausgeführt (siehe Composit-Rohre). Damit soll eine möglichst vollständige Wärmeübertragung erreicht werden, ohne dass in den Rauchgaszügen Kondensation auftritt. Eine auftretende Rauchgaskondensation (Unterschreiten des Taupunktes) führt zum Rosten des Materials und vermindert die Lebensdauer des Kessels.

9.3 Rauchgase

Alle fossilen Brennstoffe bestehen in unterschiedlicher Zusammensetzung aus Kohlenstoff (C) und Wasserstoff (H). Im Erdöl ist auch noch eine geringe Menge Schwefel enthalten. Bei vollständiger Verbrennung entstehen daraus Wasser und Kohlendioxid (CO_2). Die CO_2-Entstehung ist unvermeidlich und kann nur reduziert werden, wenn die Verbrennung mit hohem Wirkungsgrad abläuft und der Kessel geringe Verluste hat. Aus dem im Öl enthaltenen Schwefel bildet sich beim Unterschreiten des Taupunktes schweflige Säure (oder Schwefelsäure), die zur Zerstörung des Kessels und des Kamins führen kann. Für viele Brennwertkessel ist deshalb beim Betrieb mit Öl der Einsatz von schwefelreduziertem Heizöl vorgeschrieben. Ein weiterer Schadstoff, der im Heizkessel entsteht, ist das Stickoxid, bekannt als einer der Verursacher des sauren Regens in den 70er und 80er Jahren des vorigen Jahrhunderts. Die Stickoxidemissionen moderner Heizkessel und Brenner haben sich erheblich vermindert.

vpm
volume per million;
1 vpm = 1 ppm volumenbezogen;
1 vpm = 1 ml / m^3

9.3.1 CO_2-Düngung

Bei einigen gasbefeuerten Anlagen werden die Abgase zur Erhöhung der CO_2-Konzentration in der Gewächshausluft teilweise ins Gewächshaus eingeblasen. Hierbei ist zu beachten, dass die Abgase keine Stickoxide enthalten dürfen, da dies zu Pflanzenschäden führen kann. Des Weiteren ist die Einhaltung der maximalen Arbeitsplatzkonzentration von 5000 vpm CO_2 zu messen und sicherzustellen. Die für das Pflanzenwachstum optimale Konzentration liegt bei 1000 vpm CO_2. Abgase von Ölfeuerungen enthalten zu viele Schadstoffe und dürfen nicht in das Gewächshaus eingeleitet werden.

9.3.2 Stickoxidbildung

Beim Verbrennungsvorgang können im Heizkessel Stickoxide entstehen. Diese bilden zusammen mit Wasser Säuren, die unter anderem für das Waldsterben verantwortlich sind. Die Bildung von thermischem NO_x bei Öl- und Gaskesseln ist abhängig von der Flammentemperatur, der Verweilzeit der Verbrennungsgase im Bereich hoher Temperatur und dem Sauerstoffpartialdruck. Ab einer Flammentemperatur von 1200 °C steigt die Bildung von Stickoxiden stark an. Die Kesselhersteller begegnen diesem Problem auf folgende Weise: Beim Zweizugkessel mit Umkehrbrennkammer kühlen die umkehrenden Rauchgase die Flammen. Beim Dreizugkessel ist die Verweilzeit der Gase im Bereich höherer Temperatur geringer, da die Verbrennungsgase die Brennkammer am hinteren Ende verlassen. Optimale Ergebnisse werden mit Brennern mit Abgasrezirkulation erreicht. Bei der externen Abgasrezirkulation wird dem Abgasstrom nach Verlassen des Kessels ein Teil entnommen und vom Brenner so in den Brennraum geblasen, dass die Flamme umhüllt und gekühlt wird. Bei der Internen Abgasrezirkulation wird in der Brennkammer eine Strömung erzeugt, die schon verbrannte Abgase zurückleitet und mit den Gasen der Flamme vermischt. In beiden Fällen wird durch den geringeren Sauerstoffanteil der schon verbrannten Gase der Sauerstoffpartialdruck gesenkt und die Bildung von NO_x verringert.

9.3.3 Staub- und CO-Emission

Hauptsächlich bei Festbrennstoffkesseln (und Schwerölkesseln) werden als schädliche Emissionen zusätzlich noch Staub und Kohlenmonoxid freigesetzt.

Tabelle 15 gibt die Grenzwerte wieder, die in der Bundesimmissionsschutzverordnung 2010 aufgeführt sind. Es sollten auch jetzt schon Kessel eingebaut werden, welche die Werte der zweiten Stufe einhalten können.

Tab. 15 Emissionsgrenzwerte für Staub und Kohlenmonoxid (1. BImSchV 2010)

	Brennstoff gemäß § 3 Abs. 1	Nennwärmeleistung [kW]	Staub [g/m³]	CO g/m³]
Stufe 1: Anlagen, die ab dem 22. März 2010 errichtet werden	Nr. 1 bis 3a	≥ 4 ≤ 500	0,09	1,0
		> 500	0,09	0,5
	Nr. 4 und 5	≥ 4 ≤ 500	0,10	1,0
		> 500	0,10	0,5
	Nr. 5a	≥ 4 ≤ 500	0,06	0,8
		> 500	0,06	0,5
	Nr. 6 und 7	≥ 30 ≤ 100	0,10	0,8
		> 100 ≤ 500	0,10	0,5
		> 500	0,10	0,3
	Nr. 8 und 13	≥ 4 < 100	0,10	1,0
Stufe 2: Anlagen, die nach dem 31.12.2014 errichtet werden	Nr. 1 bis 5a	≥ 4	0,02	0,4
	Nr. 6 und 7	≥ 30 ≤ 500	0,02	0,4
		> 500	0,02	0,3
	Nr. 8 und 13	≥ 4 < 100	0,02	0,4

Legende: Brennstoffe 1 bis 5: Kohle und Hackschnitzel, 5a: Pellets, 6 und 7: beschichtetes Holz und Spanplatten, 8: Stroh und Getreide, 13: sonstige nachwachsende Rohstoffe

9.3.4 Rauchgaskondensation (Schwitzen des Kessels)

Rauchgase aus Ölfeuerungen enthalten Wasserdampf, Kohlendioxid (CO_2) und Schwefeldioxid (SO_2). Bei niedrigen Rauchgastemperaturen kondensieren diese Verbindungen und es entsteht daraus schweflige Säure (H_2SO_3) bzw. Schwefelsäure (H_2SO_4). Diese ist für die rauchgasseitige Korrosion verantwortlich. Besondere Gefahr besteht an der Stelle, an der abgekühltes Rücklaufwasser in den Kessel eintritt und die Rauchgase zusätzlich kühlt. Um dies zu vermeiden, sollte die Temperatur des Rücklaufwassers bei etwa 60 °C liegen (Minimum Öl 40 °C, Gas 53 °C). In Gartenbaubetrieben gibt es, bedingt durch den hohen Wasserinhalt der Anlage, Situationen, bei denen es zu einer Rauchgaskondensation im Kessel kommt.

Beispiel:
An einem freundlichen Wintertag besteht (je nach Kultur) kein Wärmebedarf und damit keine Wärmeanforderung an den Heizkessel. Das Wasser in den Rohrheizungen hat eine Temperatur von etwa 10 °C. Nach Untergang der Sonne fordern alle Häuser gleichzeitig Wärme an. Das gesamte kalte Wasser strömt zum Heizkessel. Selbst wenn der Kessel konstant auf 90 °C stand, ist der Kesselwasserinhalt innerhalb weniger Minuten ausgetauscht und das Kesselwasser weist

Taupunkt: In der Heizungstechnik versteht man darunter den Fall, bei dem aus einem Abgasgemisch Wasserdampf kondensiert. Bei Erreichen des Taupunktes ist das Gemisch mit Wasserdampf gesättigt. Auch die Zusammensetzung der Abgase hat Einfluss auf den Taupunkt. Bei der Verbrennung von Heizöl EL liegt der Taupunkt der Abgase unterhalb von etwa 47 °C, wenn der CO_2-Gehalt der Abgase 13 % beträgt. Bei der Erdgasverbrennung liegt der Taupunkt bei etwa 57 °C bei einem CO_2-Gehalt der Abgase von 10 %.
Vorlauf (VL): Das im Kessel erhitzte Wasser fließt durch ein Rohr (: Vorlauf) zu den Heizungsrohren im Gewächshaus.
Rücklauf (RL): Rohr, in dem das abgekühlte Wasser zum Kessel zurückfließt.
Umwälzpumpe: Pumpe, die das im Kessel erwärmte Wasser im Vorlauf zu den Heizungsrohren im Gewächshaus transportiert.
Kesselbeimischpumpe: Umwälzpumpe, die am Kessel in einer Kurzschlussleitung zwischen Vor- und Rücklauf angeordnet ist, um kaltes Rücklaufwasser mit heißem Vorlaufwasser zu mischen.
Heizfläche: Trennwand zwischen Rauchgasen und Wärmeträger.
Wärmeträger: Stoff, der in einer Heizung die Wärme vom Kessel zu den einzelnen Verbrauchern (Gewächshäuser) überträgt; im Gartenbau überwiegend Wasser oder Luft.

eine Temperatur auf, ab der Rauchgaskondensation auftritt. (Ein vergrößerter Wasserinhalt des Kessels bringt dabei keinen Vorteil. Die Erwärmung der Anlage muss durch die Leistung des Kessels gewährleistet werden.) In dieser Situation kondensieren die Verbrennungsgase bereits in der Brennkammer (Schwitzen). Dieser Zustand kann mehrere Stunden andauern, bis sich der Kessel „erholt" hat. Werden keine Maßnahmen zum Kesselschutz getroffen, führt dies zur Korrosion und in kurzer Zeit zur Zerstörung des Kessels.

9.4 Maßnahmen zum Kesselschutz

Motorische Absperrklappe. Dabei wird der Kessel hydraulisch rücklaufseitig vom Heizungsnetz abgetrennt, sobald die minimale Kesseltemperatur unterschritten wird.

Beim Einsatz eines Klimacomputers ist der Kesselschutz mit einem Dreiwegeventil problemlos möglich.

Dreiwegeventil mit Kesselkreispumpe. Es wird entsprechend der Rücklauf- und der Kesseltemperatur ein Dreiwegeventil so angesteuert, dass die Rücklauftemperatur zum Kessel der optimalen Temperatur entspricht. Gleichzeitig wird durch die Kesselkreispumpe warmes Vorlaufwasser zum Rücklauf transportiert, um die Rücklauftemperatur anzuheben. Beide Verfahren haben sich ohne Klimacomputer nicht bewährt, da die Regelungen der Kesselhersteller für die Verhältnisse im Gartenbau ungünstig sind. Die Anlagen geraten ins Takten.

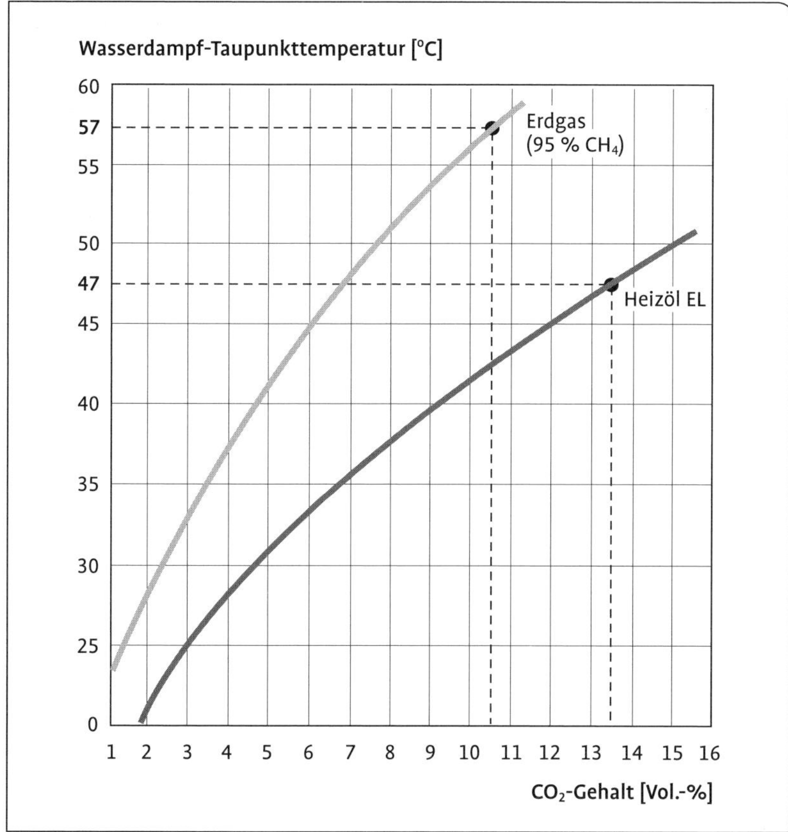

Abb. 33 Taupunkttemperatur der Abgase in Abhängigkeit vom CO_2-Gehalt (nach Viessmann Werke GmbH & Co KG).

Kesselbeimischpumpe. Es wird kontinuierlich warmes Vorlaufwasser in den Rücklauf gepumpt, um dessen Temperatur anzuheben. Der Volumenstrom muss etwa 30 % der Kesselleistung entsprechen. Nachteilig ist, dass die Pumpe dauernd läuft (Stromverbrauch) und dass vorübergehend Zustände auftreten können, bei denen die Rauchgase trotzdem im Kessel kondensieren. Die Beimischpumpe ist die einzig sinnvolle Möglichkeit zum Kesselschutz in Gartenbaubetrieben, wenn kein Klimacomputer eingesetzt wird.

Verbraucher reduzieren. Bei Einsatz eines Klimacomputers besteht die Möglichkeit, die Abnahme des oder der Hauptverbraucher zu reduzieren. Das Mischventil der größten Mischgruppe(n) wird weitestgehend zugefahren, bis sich der Kessel erholt hat. Sinnvollerweise wird gleichzeitig eine Beimischpumpe eingesetzt, die computergesteuert eingeschaltet wird, wenn der Brenner läuft und auch nach Brennerstopp noch eine gewisse Nachlaufzeit hat.

9.5 Ausdehnungsanlage und Sicherheitseinrichtungen

Mit steigender Temperatur nimmt das Volumen des Heizungswassers zu (siehe Tab. 16). Das zusätzliche Volumen wird in ein geschlossenes **M**embran**a**usdehnungs**g**efäß (**MAG**) geleitet. In dieser Sicherheitseinrichtung befindet sich eine Membran aus Gummi vor einem Stickstoffpolster. Das Heizungswasser drückt gegen die Membran. Stickstoff lässt sich, wie alle Gase, im Gegensatz zu Wasser zusammendrücken. Die Membran bewegt sich in das Gaspolster hinein. Das Heizungswasser kann sich ausdehnen. Der Druck im System ändert sich nur wenig. Bei Abkühlung drückt das Gas das Wasser wieder in den Heizungskreislauf zurück. Optimal ist es, wenn jeder Kessel ein eigenes kleines Ausdehnungsgefäß und die Gewächshausheizung zusätzlich ein gemeinsames großes Gefäß erhält. Wenn in einer Anlage häufig Wasser nachgefüllt werden muss, kann dies daran liegen (wenn keine Leckage aufzufinden ist), dass das Ausdehnungsgefäß defekt ist oder der Vordruck darin nicht in Ordnung ist.

Der Vordruck des Gefäßes wird folgendermaßen ermittelt: maximaler Höhenunterschied in der Heizungsanlage (höchster zu tiefster Punkt) plus 3 geteilt durch 10 (Beispiel: in einer Gärtnerei mit oberer Rohrheizung beträgt der Höhenunterschied 5,00 m → 5,00 m + 3,00 m = 8,00 m → 8 geteilt durch 10 = 0,8 → Vordruck: 0,8 bar).

Die Gefäße besitzen zum Befüllen ein Ventil, welches baugleich mit einem Autoreifenventil ist. Wenn man auf dieses Ventil drückt und Wasser austritt, ist das Gefäß defekt. Für eine weitergehende Prüfung muss das Gefäß wasserseitig abgesperrt und entleert werden. Dies sollte aber nur bei abgeschalteter Anlage erfolgen, da sonst die Gefahr einer Überschreitung des Maximaldrucks besteht. Anschließend wird mit einem Kompressor das Gefäß durch das Ventil aufgepumpt. Lässt sich dabei ein Druck aufbauen und halten, ist das Gefäß in Ordnung. Andernfalls muss es ausgetauscht werden (bei manchen Gefäßen lässt sich auch die Gummimembran austauschen).

Große Gefäße gibt es auch mit **Kompressorsteuerung**. Hierbei wird der Vordruck auf der Luftseite durch einen Kompressor nachgeregelt. Das Gesamtvolumen des Gefäßes kann dadurch kleiner gehalten werden und es benötigt weniger Platz.

Bei größeren Anlagen kann auch eine **pumpengesteuerte Druckhaltestation** eingesetzt werden. Hierbei wird der Anlagendruck wasserseitig über eine Pumpe gesteuert, die mit einem Vorratsgefäß kombiniert wird. Dieses dient gleichzeitig der Entgasung des Wassers. Bei Anlagen mit größeren Höhenunterschieden bietet dies Vorteile.

Tab. 16 Wasserausdehnung in Abhängigkeit von der Betriebstemperatur (nach Recknagel et al. 1988/89)

Betriebstemperatur [°C]	50	60	70	80	90	100
Ausdehnung [l pro 100 l Anlagevolumen]	1,2	1,7	2,3	2,9	3,6	4,3

Gleichzeitig benötigt das System relativ wenig Platz und ermöglicht außerdem eine automatische Nachspeisung. Letztere muss selbstverständlich genau überwacht werden, da sonst Leckagen nicht rechtzeitig erkannt werden.

Bei fehlerhafter Funktion der Ausdehnungsanlage kann es zu einem unkontrollierten Anstieg des Drucks im System kommen. Zum Schutz vor einer Zerstörung der Anlage sind für jeden Heizkessel **Sicherheitsventile** vorgeschrieben, die bei Überschreiten eines Druckes von 2,5 bar (bzw. 3 bar) öffnen und Wasser ablassen oder Dampf abblasen. Auch wenn der Temperaturregler des Kessels defekt ist, kann sich der Kessel auf über 100 °C aufheizen. Um diese Situation zu beherrschen, gibt es außer dem Sicherheitsventil noch einen **S**icher-

Abb. 34 Pumpengesteuerte Druckhaltestation.

heitstemperaturbegrenzer (**STB**). Dieser Thermostat schaltet ab einer bestimmten Temperatur (z. B. 110 °C) den Brenner ab.

Kessel mit einer Leistung über 300 kW benötigen zudem einen **Druckschalter** und einen **Entspannungstopf**. Der Druckschalter schaltet den Brenner bei einer Überschreitung des Maximaldrucks (z. B. 2,5 bar) ab. Der Entspannungstopf hat die Aufgabe, den aus dem Sicherheitsventil austretenden Dampf zu entspannen, bevor er über das Dach abgeleitet wird. Alternativ zu einem Entspannungstopf können ein zweiter Druckschalter und ein zweiter **Sicherheitstemperaturbegrenzer** eingebaut werden.

Früher waren **offene Ausdehnungsanlagen** üblich. Ein Gefäß mit einem Volumen von etwa 500 Liter wurde am Kamin oder unter dem First der Gewächshäuser montiert. Dieses Gefäß hatte Verbindung zur Atmosphäre (offen). Die Schwankungen des Wasservolumens führten zu einem Heben und Senken des Wasserspiegels im Gefäß. Diese Anlagen haben jedoch zwei erhebliche Nachteile. Das Heizungswasser hat Kontakt mit der Luft und nimmt dadurch Sauerstoff auf. Sauerstoff in Kombination mit Wasser führt zum Rosten der Rohre und des Kessels. Die Kesselhersteller geben keine Garantie mehr für neue Kessel, wenn eine offene Anlage eingebaut ist. Der zweite Nachteil ist der niedrige statische Druck der Anlage, da das Gefäß meist in maximal 5,00 m Höhe eingebaut wurde. Moderne (größere) Pumpen benötigen einen Vordruck (statischen Druck) von knapp 1 bar. Die Unterschreitung dieses Drucks führt zur sogenannten Kavitation (Vakuumbläschen im Wasser, die mit hohen Druckspitzen implodieren) und zur Zerstörung der Laufradschaufeln der Pumpe.

Festbrennstoffkessel benötigen eine **thermische Ablaufsicherung**. Da die Brennstoffzufuhr nicht schnell genug unterbrochen werden kann, ist diese Notkühlung erforderlich. Ab einer gewissen Kesseltemperatur wird über ein Thermostat-Ventil Wasser aus dem Trinkwasser-Netz in einen Wärmetauscher innerhalb des Kessels geleitet. Dieses Kühlwasser durchströmt so lange den Wärmetauscher, bis die eingestellte Temperatur am Thermostat wieder unterschritten wird.

9.6 Kontroll- und Wartungsarbeiten beim Kessel

9.6.1 Abgasmessung

Mithilfe der Abgasmessung (siehe Tab. 17) ermittelt der Schornsteinfeger die Abgasverluste der Heizkessel und die Zusammensetzung der Abgase. Das Messgerät, die Lambda-Sonde, wird dabei in eine Bohrung im Abgaskanal eingeführt. Die Messwerte gehen an einen Kleinrechner und können ausgedruckt werden. Dabei werden die Raumtemperatur, die Abgastemperatur, der Schornsteinzug, der CO_2-Gehalt (oder O_2-Gehalt) und der Rußgehalt gemessen. Aus diesen Werten ermittelt man u. a. den Abgaswirkungsgrad des Kessels.

Tab. 17 Abgasprotokoll (Heizkessel, Heizöl EL, CO_2 maximal = 15,4 %, gemäß im ungestörten Dauerbetriebzustand) (nach http.//de.wikipedia.org / wiki / Abgasmessung, 07.03.2011)

Messwerte	Maßeinheit	Volllast
Abgastemperatur	°C	142,6
Zulufttemperatur	°C	24,8
Taupunkttemperatur	°C	48
CO_2	%	11,9
O_2	%	4,8
Abgasverlust q_A	%	5,8
CO	ppm	5
CO unverdünnt	ppm	6
NO_x	ppm	95
Lambda	–	1,29
Schornsteinzug	hPa	– 0,1
Rußzahl	–	0

ppm = parts per million; 1000 ppm CO bedeutet: 1000 CO-Moleküle befinden sich in 1 Mio. Luftmolekülen

Abgastemperatur. Die Abgastemperatur bei Ölheizungen darf am Kaminaustritt (bei einem gemauerten Kamin) 160 °C nicht unterschreiten, da sonst die Gefahr der Versottung und der rauchgasseitigen Korrosion besteht. Niedrige Abgastemperaturen verschlechtern außerdem den Schornsteinzug. Üblicherweise beträgt die Abgastemperatur bei Neuanlagen nach dem Kessel zwischen 160 und 180 °C (Ausnahme: Brennwerttechnik). Deutlich höhere Abgastemperaturen deuten auf Unregelmäßigkeiten bei der Verbrennung und auf Rußablagerungen im Kessel hin. Da bei alten Kesseln die Abgastemperatur bis 240 °C betragen konnte, muss bei einer Erneuerung eines Kessels der Querschnitt des Kamins zum Beispiel durch den Einbau eines Edelstahlrohres verkleinert werden, um für einen ausreichenden Zug zu sorgen.

Abgasverluste und Gehalt an Kohlendioxid (CO_2). Heizkessel sollen mit möglichst geringen Abgasverlusten (q_A) betrieben werden. Um dies zu erreichen, müssen die Abgastemperatur niedrig und der CO_2-Gehalt der Abgase hoch sein. Der Abgasverlust darf bei Anlagen über 50 kW 9 % nicht überschreiten. Bei einer vollständigen Verbrennung entstehen theoretisch nur CO_2 und Wasserdampf. Idealerweise enthalten die Abgase dann maximal 11,8 % CO_2 bei der Erdgas- und 15,4 % CO_2 bei der Heizölverbrennung. Damit alle Brennstoffteilchen sicher mit dem zur Verbrennung nötigen Sauerstoff (O_2) in Verbindung kommen, arbeitet man in der Praxis mit einem Luftüberschuss.

Da dieses „Zuviel“ an Luft auch erwärmt wird und mit den Abgasen verloren geht, ist die vollständige Ausnutzung der im Brennstoff enthaltenen Energie nicht möglich. Folglich ist durch diesen Verdünnungseffekt der CO_2-Gehalt der Abgase geringer. Der typische Einstellwert des CO_2-Gehaltes liegt bei 12,5 % bei Öl- und 10 % bei Gasbetrieb.

Kohlenmonoxid (CO). Ein erhöhter Kohlenmonoxid-Gehalt der Abgase deutet auf eine unvollständige Verbrennung hin. Mögliche Ursachen sind ein zu geringer Luftüberschuss, eine nicht ausreichende Frischluftzufuhr oder ein verunreinigter Brenner. Kohlenmonoxid ist ein farbloses und sehr giftiges Gas. Es blockiert beim Menschen die Sauerstoffaufnahme im Blut, indem es sich anstelle von Sauerstoff mit den roten Blutkörperchen verbindet. Der CO-Gehalt in den unverdünnten Abgasen soll unter 80 ppm (= 0,008 %) liegen. Für die Umwelt ist CO nicht schädlich.

Luftüberschusszahl (Lambda). Der Lambda-Wert gibt die Höhe des Luftüberschusses im Vergleich zum Idealwert (vollständige Verbrennung) an. Beim Idealwert (Lambda = 1,0) sind genauso viele Sauerstoffmoleküle vorhanden wie theoretisch nötig. Gebläsebrenner arbeiten in der Regel mit einem Lambda-Wert von 1,2 bis 1,4. Der Luftüberschuss beträgt demnach 20 bis 40 %.

Schornsteinzug. Der Schornsteinzug leitet die Rauchgase ins Freie. Treibende Kraft ist dabei der Gewichtsunterschied zwischen den heißen (leichten) Abgasen im Schornstein und der kälteren (schweren) Außenluft. Der Schornsteinzug ist im Winter größer, da die Temperaturunterschiede höher sind.

Rußzahl (RZ) und Ölderivate (= unverbranntes Heizöl). Ist Ruß in den Abgasen enthalten, war die Verbrennung unvollständig. Ruß, der sich an den Heizflächen im Kessel abgelagert hat, behindert den Wärmeübergang auf das Kesselwasser. Dadurch steigt die Abgastemperatur.

Um den Rußgehalt der Abgase zu überprüfen, führt der Schornsteinfeger (bzw. der Servicetechniker) eine Rußpumpe mit eingelegtem Filterpapier in eine Bohrung im Rauchgasverbindungsrohr (**Fuchs**) ein. Mit zehn gleichmäßigen Hüben saugt er Abgase durch das Filterpapier. Zunächst untersucht er das Filterpapier auf das Vorhandensein von Öltröpfchen. Ursache für diese Ölrückstände ist meist eine Verschmutzung der Brennerdüse. Es können jedoch auch die Zündelektroden zu weit in den Ölnebel ragen. Beides führt zu einer unzureichenden Zerstäubung der Öltröpfchen, die dann nicht mehr vollständig verbrannt werden. Hat sich das Filterpapier mehr oder

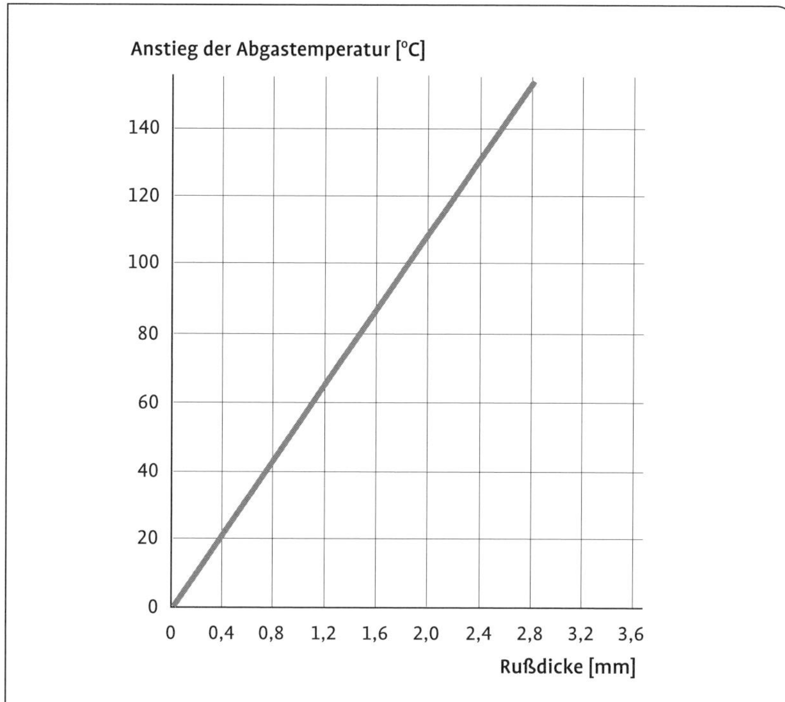

Abb. 35 Abgastemperatur in Abhängigkeit von Rußablagerungen im Kessel (nach VELMANS 1993d).

weniger schwarz verfärbt, wird der Verfärbungsgrad mit einer zehnstufigen Rußvergleichsskala (DIN 51402-1) verglichen. Mittlerweile sind auch elektronische Rußzahlmessgeräte verfügbar. Die Rußzahl 0 – also kein Ruß in den Abgasen – sollte angestrebt werden. Ruß in den Abgasen deutet beispielsweise auf Luftmangel bei der Verbrennung hin, was durch eine entsprechende Neueinstellung des Brenners behoben werden kann. Der Ruß lagert sich an den Wandungen der Rauchrohre ab und verschlechtert den Wärmeübergang. Eine 1 mm dicke Rußschicht verschlechtert den Wirkungsgrad des Kessels bereits um 10 %. Es ist mindestens eine gründliche Reinigung des Kessels vor der Heizperiode erforderlich.

9.6.2 Kontrolle des Wasserstandes

Die regelmäßige Kontrolle des Wasserstandes im Kessel gehört zu den Wartungsaufgaben bei der Heizungsanlage. Beim Nachfüllen ist auf die Wasserqualität zu achten. Luftgesättigtes Nachfüllwasser kann zur wasserseitigen Korrosion und kalkhaltiges Wasser zur Kesselsteinbildung führen. Eine mögliche Ursache für einen zu geringen Wasserstand ist ein Leck im System. Wenn der Wasserstand wiederholt sinkt, sollten die Leitungen auf Undichtigkeiten überprüft werden. Möglicherweise deutet häufiges Nachfüllen auch auf ein defektes Ausdehnungsgefäß hin. Dies sollte mit überprüft werden.

Wasserbeschaffenheit
In der VDI-Richtlinie 2035 sind Richtwerte zur Wasserbeschaffenheit für Heizkessel über 50 kW festgelegt. Maßgeblich ist dabei die Wasserhärte des Füll- und Ergänzungswassers. Der im Wasser enthaltene Kalk lagert sich an den heißesten Stellen der Anlage (in der Regel im Kessel) ab. Dort bildet sich eine immer dicker werdende Schicht (Kesselstein), die den Wärmeübergang wesentlich verschlechtert. Dadurch entstehen Wärmespannungen, die schließlich zum Reißen des Kessels führen können. Bei Wasserhärten über 8 °dH ist Vorsicht geboten. In der Regel ist der Einbau einer Wasserenthärtungsanlage nötig.

Der ständige Zutritt von Sauerstoff in das Heizungswasser muss ebenfalls unterbunden werden. Sauerstoff reagiert entsprechend dem pH-Wert des Heizungswassers mit den Materialien der Heizungsanlage und verursacht Korrosion. Sauerstoffzutritt erfolgt meist über nicht sauerstoffdiffusionsdichte Rohre (Vegetationsheizung) oder über eine offene Ausdehnungsanlage.

Der pH-Wert des Heizungswassers soll zwischen 8,2 und 9,5 liegen. Speziell bei Kesseln aus Aluminiumsilikat muss der vorgeschriebene pH-Wert des Kesselherstellers beachtet werden. Dies ist in der Praxis nur beim Füllen möglich. Der pH-Wert ändert sich mit der Wassertemperatur.

9.6.3 Mischgruppen und Regeleinrichtungen

Einmal im Jahr müssen die Steuer- und Regeleinrichtungen auf ordnungsgemäße Funktion getestet werden. Hierzu reicht es, zunächst die Einstellwerte (z. B. Raumtemperatur) manuell zu verändern und zu sehen, ob die Anlage reagiert: laufen die Mischer auf und zu, funktionieren die Pumpen usw. Die Einstellwerte sollten zumindest mit Thermometern in den Häusern überprüft werden.

9.7 Wirkungsgrade – Kennwerte

Um verschiedene Wärmeerzeugungsanlagen vergleichen zu können (siehe Tab. 18), bedient man sich folgender Kennwerte:
Feuerungstechnischer Wirkungsgrad: Eingesetzte Energie [= 100 %] – Abgasverluste [%]) / 100,
Kesselwirkungsgrad: Eingesetzte Energie [= 100 %] – Abgasverluste [%] – Verluste des Kessels durch Strahlung, Leitung, Konvektion während der Brennerlaufzeit / 100,
Jahresnutzungsgrad: Eingesetzte Energie [= 100 %] – Abgasverluste [%] – Betriebsbereitschaftsverluste des Kessels durch Strahlung, Leitung, Konvektion während der Brennerlaufzeit [%] – Betriebsbereitschaftsverluste in den Stillstandszeiten des Kessels [%]) / 100.

Tab. 18 Vergleich eines herkömmlichen Kessels (Baujahr 1970) mit einem modernen Brennwertkessel (Werte für Brennstoff Öl; zusammengestellt nach Angaben verschiedener Kesselhersteller)

Merkmal	Herkömmlicher Kessel	Brennwertkessel
Abgastemperatur	260 °C	48 °C
Kesseltemperatur	80 °C	40 °C
Bereitschaftsverluste	4,5 %	0,5 %
Kesselwirkungsgrad	85 %	105 %
Jahresnutzungsgrad	60 %	104 %

Erläuterungen zu den Kennwerten

Abgasverluste. Eine Rußschicht im Kesselinnern oder eine fehlerhafte Brennereinstellung führen zu einer erhöhten Abgastemperatur (siehe Abb. 35, Seite 79) und damit zu Energieverlusten. Gegenmaßnahmen: Kesselreinigung, exakte Brennereinstellung.

Verluste des Kessels durch Strahlung, Leitung, Konvektion. Wärme-/Energieverluste durch Abstrahlung können durch eine gute Kesselisolierung und niedrige Betriebstemperaturen (z. B. NT-Kessel) vermindert werden.

Betriebsbereitschaftsverluste. Beim Stillstand des Brenners kühlt nachströmende Zuluft den Kessel. Diese Nachströmverluste treten während der Brennerlaufzeit nicht auf. Daher sollten die Laufzeiten lang und die Stillstandszeiten kurz sein. Bei einer falschen Dimensionierung des Kessels (zu großer Kessel → kurze Brennerlaufzeit) sind die Betriebsbereitschaftsverluste hoch.

Die unterschiedliche Bedeutung von Kesselwirkungsgrad und Jahresnutzungsgrad ist in der Praxis viel zu wenig bekannt. Dies sind die entscheidenden Beurteilungsgrößen, wenn es um den eventuellen Austausch eines alten Kessels geht. Abgasverluste, die der Schornsteinfeger misst, treten nur auf, wenn der Brenner in Betrieb ist. In Gartenbaubetrieben beträgt die Brennerlaufzeit (umgerechnet auf Vollbenutzungsstunden) summiert über das ganze Jahr etwa 1000 bis 1200 Stunden. Bereitschaftsverluste treten immer auf, wenn der Kessel „auf Temperatur“ ist. Wird der Kessel im Sommer abgeschaltet, geht man von etwa 6000 Stunden und, wenn er durchläuft, von 8760 Stunden aus.

Beispiel. Eine Anlage mit einem alten 500-kW-Kessel (Baujahr 1970) verbraucht im Jahr etwa 50 000 Liter Öl. Wenn dieser Kessel einen Abstrahlverlust von 2 % aufweist und das ganze Jahr eingeschaltet ist, bedeutet dies, dass er von diesen 50 000 Liter Öl fast 8000 Liter verbraucht, nur um sich selbst auf Temperatur zu halten. Dieser Kessel hat dann einen Jahresnutzungsgrad von unter 70 %. Im Vergleich dazu haben moderne Niedertemperaturkessel durch die gleitende Kesseltemperatur und die bessere Isolierung einen Nutzungsgrad von über 90 %. Man kann sich leicht ausrechnen, dass die effektivste Art Energie (und Geld) zu sparen zunächst im Austausch des alten Kessels liegt. Ähnliches lässt sich natürlich auch über die Wärmedämmung der Leitungen im Kesselhaus sagen.

9.8 Festbrennstoffkessel

Durch die in den letzten Jahren erfolgten erheblichen Preissteigerungen für die Brennstoffarten Öl und Gas sind wieder vermehrt Festbrennstoffkessel in das Blickfeld der Gartenbaubetriebe geraten. Die nachfolgend beschriebenen Kesselarten kommen infrage.

9.8.1 Holz-, Pellet- und Hackschnitzelkessel

Holzkessel (manuell beschickt). Sogenannte Scheitholzkessel gibt es bis zu einem Leistungsbereich von etwa 600 kW und Füllschachtgrößen bis etwa 1,20 m Breite. Eingesetzt werden können Scheitholz, Hackholz und Holzabfälle. Wenn geeignetes Holz mit geringer Feuchte preiswert zur Verfügung steht und günstige Arbeitskräfte vorhanden sind, können mit einem solchen Kessel die Energiekosten deutlich reduziert werden. Der Aufwand für Beschickung, Entaschung und Reinigung ist natürlich erheblich. Die Leistungsregelung dieser Kessel ist eingeschränkt. Deshalb ist es sinnvoll, sie nur im Grundlastbetrieb einzusetzen und dabei möglichst mit Nennleistung durchlaufen zu lassen. Die Auslegung sollte auf maximal 30 % des Gesamtwärmebedarfs der Anlage erfolgen. Der Restwärmebedarf muss mit konventionellen Öl- oder Gaskesseln gedeckt werden. Scheitholzkessel benötigen einen Pufferspeicher, der mindestens so dimensioniert ist, dass eine komplette Ladung hochwertigen Holzes (Buche) aufgenommen werden kann. Die Förderprogramme fordern mindestens 55 Liter Pufferspeichervolumen pro kW. Die Pufferspeichergröße sollte aber mindestens 70 bis 100 l / kW betragen. Optimal ist es, wenn ein voll beschickter Kessel plus ein voll geladener Pufferspeicher ausreichen, um in der Übergangszeit eine Nacht lang den Wärmebedarf zu decken. Der Scheitholzkessel heizt immer den Pufferspeicher. Reicht die Temperatur des Pufferspeichers nicht mehr aus, muss der konventionelle Kessel automatisch dazukommen, das heißt, es müssen ein Pufferspeichermanagement und eine geeignete Kesselfolgeschaltung installiert werden. Bei Leistungsgrößen über 150 kW ist es sicherlich meist ratsam, auf automatisch beschickte Kessel überzugehen.

Pelletkessel (automatisch beschickt). Holzpellets gibt es in genormter Ausführung zu kaufen. Anlagen, die damit betrieben werden, haben eine hohe Betriebssicherheit erreicht.

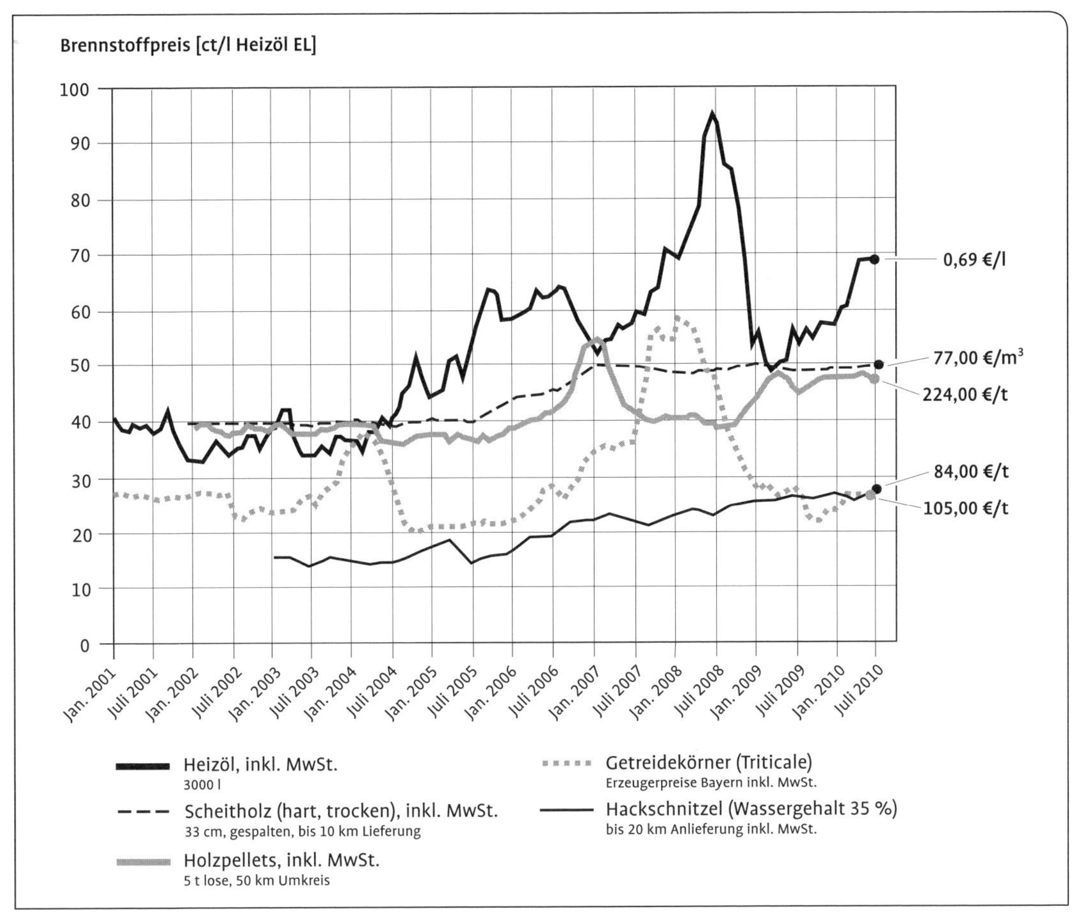

Abb. 36 Entwicklung der Brennstoffpreise (inkl. Anlieferung und MwSt.) (nach C. A. R. M. E. N. e. V. 2011).

Für Pellets wird etwa die dreifache Lagerraumgröße wie für Öl benötigt. Der Umstieg auf Pellets rentiert sich bei einem Gartenbaubetrieb derzeit nur bei langfristigen Lieferverträgen zu günstigen Konditionen. Pelletlager können auch unterirdisch angelegt werden. Der Brennstoff kommt mit dem Tankwagen und wird eingeblasen. Der derzeitige Pelletpreis (2010) entspricht einem Ölpreis von 45 Ct (incl. MwSt.). Damit sind die Brennstoffkosten bei Pellets derzeit 25 % niedriger als bei Öl. Der Umstieg auf Pelletheizungen rechnet sich ab einem äquivalenten Pelletpreis, der knapp 50 % unter dem Ölpreis liegt.

Hackschnitzelkessel (automatisch beschickt). Hackschnitzelkessel sind aufgrund der verfügbaren Kesselgrößen und der (derzeit noch) günstigen Brennstoffkosten sicherlich für die meisten Gartenbaubetriebe die interessanteste Alternative im Bereich der Biomasse-Heizungen (siehe Farbtafel hintere Umschlaginnenseite, Abb. 5). Die Po-

Stoker
Vorrichtung zum Transport des Brennstoffes mittels einer Schneckenwelle vom Bunker zum Kessel.

tentiale sind dabei noch bei weitem nicht ausgenutzt. Die Technik hat in den letzten Jahre große Fortschritte gemacht. Die oft beklagte Störanfälligkeit und der Betreuungsaufwand sind deutlich zurückgegangen. Hackschnitzel gibt es derzeit in Deutschland nicht in DIN-genormter Ausführung. Die Vornorm prCEN TS 14961 für feste Biobrennstoffe ist in der Entstehung. Teilweise wird auch die österreichische Norm M 7133 benutzt. Entscheidend für die Kesseltechnik sind die Korngröße, die Korngrößenverteilung und der Wassergehalt. Unregelmäßigkeiten bei der Schnitzelgröße und -form sowie beim Wassergehalt führen zu Schwierigkeiten bei der Verbrennung. Die Unterschubfeuerung eignet sich gut für Hackschnitzel bis zu einem Wassergehalt von 30 % und anderen unproblematischen Brennstoffen ohne großen Rindenanteil. Die Kesselgrößen gehen bis 2 MW. Diese Feuerungen werden aus einem Bunker beschickt. Die Brennstoffzufuhr erfolgt in der Regel mittels einer Schnecke (Stoker) vom Bunker von unten in die so genannte Brennraummulde. Es dürfen keine Verunreinigungen, wie Steine oder Metallteile, im Brennstoff enthalten sein, da diese zu einem Verklemmen der Schnecke führen. In der Brennraummulde wird der Brennstoff getrocknet und unter Zugabe von Primärluft vergast. Die aufsteigenden Gase gelangen in den Bereich der oben aufliegenden Glutschicht, werden gezündet und unter Zugabe von Sekundärluft vollständig verbrannt. Kurz vor dem Kessel muss sich eine Rückbrandsicherung befinden. Die Kessel zünden selbsttätig über ein Heißluftgebläse. Die Asche wird durch eine Schnecke in einen Behälter ausgetragen. Anlagen im kleineren Leistungsbereich (bis etwa 300 kW) arbeiten ohne größeren Wartungsaufwand des Betreibers automatisch. Eine halbjährliche oder jährliche Wartung durch den Kesselhersteller ist allerdings angeraten. Die Abgasreinigung erfolgt über einen Zyklon (siehe Farbtafel vordere Umschlaginnenseite, Abb. 4). Derzeit können damit die vorgeschriebenen Staubemissionen eingehalten werden. Es gibt aber auch kleinere Anlagen mit senkrecht angeordneten Abgaszügen, welche die Abgasvorschriften auch ohne Zyklon und sogar die künftig geplanten

Zyklon
(Fliehkraftabscheider) Das von der Feuerung kommende partikelhaltige Gas wird in eine Drehbewegung versetzt. Auf die Teilchen wirken hohe Fliehkräfte, die eine Bewegung der Teilchen zur Außenwand bewirken. Von dort sinken die Teilchen nach unten bis sie schließlich in den Staubsammelbunker gelangen. Es können Teilchen bis zu einer Größe von etwa 2 μm abgeschieden werden. Zyklone sind robust, betriebssicher und können auch bei hohen Abgastemperaturen eingesetzt werden.

Multizyklone
Mehrere kleine, parallel geschaltete Zyklonen.

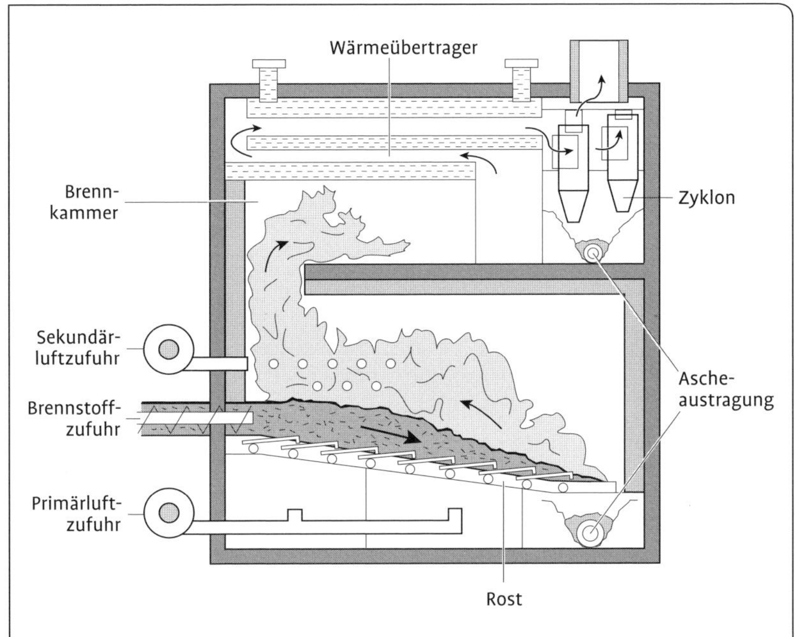

Abb. 37 Vorschubrostfeuerung (nach KALTSCHMITT et al. 2009).

Grenzwerte einhalten können. Bei der Anschaffung eines Kessels sollte darauf besonderes Augenmerk gelegt werden, da eine Nachrüstung mit Zyklon, Gewebe- oder Elektrostatfilter zwar möglich, aber auch mit erheblichen Kosten verbunden ist. Kessel um 1 MW und größer besitzen eine Rostfeuerung.

Rostfeuerungsanlagen (Wanderrost-, Vorschubrost-, Rückschubrostfeuerung) sind technisch aufwendiger als die oben beschriebene Unterschubfeuerung. Sie ermöglichen jedoch die Verbrennung feuchterer und problematischer Brennstoffe (z. B. Hackschnitzel mit einer Feuchte bis 60 %, aschereiche Rindenabfälle). Die Brennstoffzufuhr erfolgt über Hydraulikschieber oder eine Förderschnecke, die den Rost auffüllt. Das Brenngut wandert dann auf dem Rost von der Aufnahme bis zur Entaschung durch den Kessel. Bei Eintritt in den Brennraum werden die Hackschnitzel zuerst getrocknet und dann verbrannt. Die Energie für das Trocknen geht als Wasserdampf über den Kamin verloren. Eine Brennwerttechnik für diesen Einsatzbereich ist in der Entwicklung. Rostfeuerungen sind im Allgemeinen erst ab einer Größe von 1 MW wirtschaftlich. Die Abgasreinigung erfolgt über einen Zyklon und einen Elektrostatfilter. Die Kosten für Elektrostatfilter sind in der Anschaffung und bei der Wartung erheblich.

Regelung

Von den oben beschriebenen Kesselarten reagieren Pelletkessel auf plötzliche Wärmeanforderungen am schnellsten, allerdings langsamer als Öl- oder Gaskessel. Dann folgen Hackschnitzel-Kessel mit Unterschubfeuerung und danach Rostfeuerungen. Holzkessel lassen sich nur langsam und nur innerhalb bestimmter Grenzen regeln. Alle diese Kesselarten laufen am besten im Volllastbetrieb. Die Anlagen können bis auf 30 % der Nennleistung heruntergeregelt werden. Danach gehen sie in Ein-Aus-Betrieb. Daher sollte die Kesselgröße genau auf den Gartenbaubetrieb und seine Jahresdauerlinie (siehe Farbtafel hintere Umschlaginnenseite, Abb. 6) abgestimmt werden. Günstig ist eine Kesselleistung, die zwischen 30 und 50 % des maximalen Wärmebedarfs der Gärtnerei liegt.

Eine weitere Besonderheit bei der Beheizung von Gartenbaubetrieben besteht darin, dass die Häuser im Winter trotz tiefer Außentemperaturen an sonnigen Tagen keine Wärme anfordern und der Kessel somit nicht in Betrieb sein müsste.

Für diese Fälle und als Zwischenspeicher für sonstige Lastwechsel ist unbedingt ein Pufferspeicher erforderlich. Die Größe des Pufferspeichers sollte bei kleineren Anlagen etwa 120 l/ kW betragen, bei größeren etwa 80 l/ kW. Auch dies muss auf den jeweiligen Betrieb abgestimmt sein. Am einfachsten bestimmt man die maximale Größe des Pufferspeichers bei kleinen Anlagen (100 kW) danach, wie viel m^3 Wasser der Kessel mit etwa 50 % Last innerhalb von 8 Stunden von 50 auf 90 °C aufheizen kann. Bei 100 kW wären dies 8,6 m^3.

Das Verhältnis Speichergröße zu Kesselleistung nimmt mit steigender Leistung stark ab. Bei 500 kW reichen schon 40 m^3. Pufferspeichergrößen über 100 m^3 sind fast nie erforderlich. Die optimale Speichergröße kann nur mithilfe von Computerprogrammen ermittelt werden.

Speicherverluste

Die Speicherverluste können erheblich sein, wie folgende Beispielsrechnung zeigt. Ein 50-m^3-Speicher hat bei einer Temperaturdifferenz von 90 °C (Wasser) und 8 °C (Außenluft) und einer 10 cm dicken Mineralwolle-Isolierung beispielsweise eine Verlustleistung von knapp 3 kW. Dies ergibt bei 5000 Speicher-Volllast-Stunden einen Gesamt-

Berechnung der Speichergröße:

Abgegebene Wärmemenge $Q = P \times t$
P = Kesselleistung → in diesem Fall: P = 100 kW
t = Zeit → t = 8 h
$Q = 100\ kW \times 8\ h = 800\ kWh$

Speichergröße $m = 860 \times Q / \Delta T$
860 (→ 1 h = 3600 s, geteilt durch die spezifische Wärmekapazität von Wasser = 4,17 → 863,31 ≈ 860),
ΔT = Temperaturänderung → in diesem Fall Temperaturerhöhung von 50 auf 90 °C, also 40 K,
$m = 860 \times 800\ kWh / 40\ K = 17\,200\ kg = 17{,}2\ m^3$ (→ der Kessel läuft nur mit 50 % Last → 8,6 m^3).

verlust von 15 MWh, was etwa 21 srm Hackschnitzel entspricht. Von einer Überdimensionierung des Pufferspeichers ist abzuraten, da die auftretenden Wärmeverluste des Speichers dann seine Vorteile wieder zunichte machen. Ein Spitzenlastkessel muss die restliche Leistung der Anlage erbringen. Ist ein Hackschnitzelkessel z. B. auf 50 % des maximalen Wärmebedarfs ausgelegt, muss der Spitzenlast-Kessel etwa die gleiche Leistung haben. Zusätzlich muss er bei einer Störung die Anlage frostfrei halten können. Sinkt die Wärmeabnahme der Gewächshäuser kurz vor Ende der Heizperiode auf unterhalb von 20 bis 30 % der Leistung des Hackschnitzelkessels, soll der Spitzenlast-Kessel alleine den Heizbetrieb übernehmen. Der Hackschnitzelkessel schaltet sonst immer zwischen Minimalleistung und „aus". Dabei hat er einen schlechten Wirkungsgrad und schlechte Abgaswerte.

Vor der Entscheidung über den Einsatz alternativer Brennstoffe müssen alle relevanten Kennwerte eines Gartenbaubetriebs ermittelt und zusammengetragen werden. Dazu gehören zum Beispiel die Ist- und Soll-Temperaturen der Gewächshäuser, die Eindeckmaterialien, das Vorhandensein eines Energieschirms usw. Aus diesen Angaben wird die Jahreslastkurve der Anlage bestimmt. Die exakte Bestimmung und Interpretation dieser Kurve ist das wichtigste Instrument bei der Auswahl von biogenen Heizsystemen.

Beispiel:
Abbildung 6 (Farbtafel hintere Umschlaginnenseite) zeigt die Jahresdauerlinie eines Zierpflanzenbetriebes mit einem maximalen Wärmebedarf von 1350 kW und einem Ölverbrauch von etwa 120 000 l / a. Für diesen Betrieb soll die optimale Kesselgröße für einen Hackschnitzelkessel bestimmt werden. Der Kessel sollte die Anlage allein frostfrei halten können. Dies ist in der Regel bei etwa 60 % der maximalen Heizleistung der Fall. Ausgehend von 1350 kW wären dies 810 kW. Diese Größe muss jedoch in jedem Einzelfall genau bestimmt werden, da Anlagen, bei denen die Gewächshäuser nur für 5 °C ausgelegt wurden, natürlich wesentlich weniger Reserve haben als Anlagen, die für 18 °C ausgelegt wurden. Das zweite Kriterium bei der Auslegung ist, dass der Festbrennstoffkessel möglichst lange Laufzeiten unter Volllast haben sollte, da er dabei am wirtschaftlichsten arbeitet.

Je länger der Hackschnitzelkessel im Jahr mit Volllast betrieben werden kann, desto wirtschaftlicher arbeitet die Anlage. Im Zweifelsfall sollte der Kessel lieber etwas kleiner gewählt werden, um die Zahl der Volllastbetriebsstunden zu maximieren. 1500 Volllaststunden des Hackschnitzelkessels sollten nicht unterschritten werden. Gleichzeitig sollten die Betriebsstunden beim 30-%-Teillastfall (= Leistung, bei welcher der Kessel mit Minimallast durchgängig betrieben werden kann) ebenfalls möglichst hoch sein.

Die rot schraffierte Fläche unter der Kurve, eingegrenzt von den 700 kW der maximalen Kesselleistung und den 5300 Jahresstunden, die der Kessel maximal bei Kleinlast betrieben werden kann, stellt ein Maß für die Wärmemenge dar, die vom Hackschnitzelkessel bei dieser Anlage erzeugt werden kann.

Die Kesselgröße muss so gewählt werden, dass diese Fläche möglichst groß ist. Damit arbeitet die Anlage am wirtschaftlichsten.

In der Praxis sind davon Abweichungen von +/- 10 % und mehr möglich, vor allem dann, wenn auch ein Pufferspeicher eingesetzt wird. Es macht fast keinen Unterschied in der Wirtschaftlichkeit, wenn der Kessel 20 % kleiner ausgelegt wird. Wird er aber zu groß ausgelegt, sind Schwierigkeiten vorprogrammiert. Der gelb gekennzeichnete Spitzenlastbereich (etwa 1500 h / a) wird von beiden Kesseln abgedeckt. Der grüne Bereich ist der Kleinlastbereich, in dem der Holzkessel abgeschaltet werden sollte und nur der konventionelle Kessel arbeitet.

An der oben dargestellten Kurve kann man auch gut die Leistungsgröße für ein (Pflanzenöl-)Blockheizkraftwerk (BHKW) ermitteln. Für diese Anlagen ist aufgrund der Subventionsbedingungen die Maximierung der Volllaststunden, bei denen gleichzeitig zur Stromerzeugung auch Wärme abgegeben werden kann, noch viel entscheidender. Die optimale Größe liegt in diesem Fall bei etwa 200 kW (thermisch) mit 5500 h (Jahresstunden). Beim Einsatz eines Pufferspeichers sind eventuell auch noch 250 kW möglich; größer sollte das Gerät nicht sein.

Abbildung 38 zeigt, dass die Jahresheizstunden in einem Gemüsebau-(Kalt)-Betrieb so gering sind, dass meist kein wirtschaftlicher Einsatz eines BHKW oder eines Hackschnitzkessels möglich ist.

Brennstofflagergröße

Die benötige Größe richtet sich zunächst einmal danach, wie angeliefert wird: mit landwirtschaftlichen Anhängern (15 m³), mit Containerzug (30 m³) oder mit Schubbodenauflieger (80 m³). Das Lager sollte eine noch vorhandene Restmenge und die Anliefermenge aufnehmen können sowie die Verbrauchsmenge für mindestens fünf Tage Volllastbetrieb fassen.

Beispiel:

Ein 500-kW-Kessel leistet bei Volllast 500 kW × 24 h = 12 MWh pro Tag. In fünf Tagen entspricht dies 60 MWh. Bei einem Heizwert von 0,7 MWh / srm (ohne Berücksichtigung der Wirkungsgrade) werden also in fünf Tagen 85 srm Hackschnitzel oder drei Containerzüge verbrannt. Im Lagerraum sollte also wenigstens Platz für etwa 100 srm sein. Dieses Beispiel lässt sich leicht auf andere Kesselleistungen umrechnen.

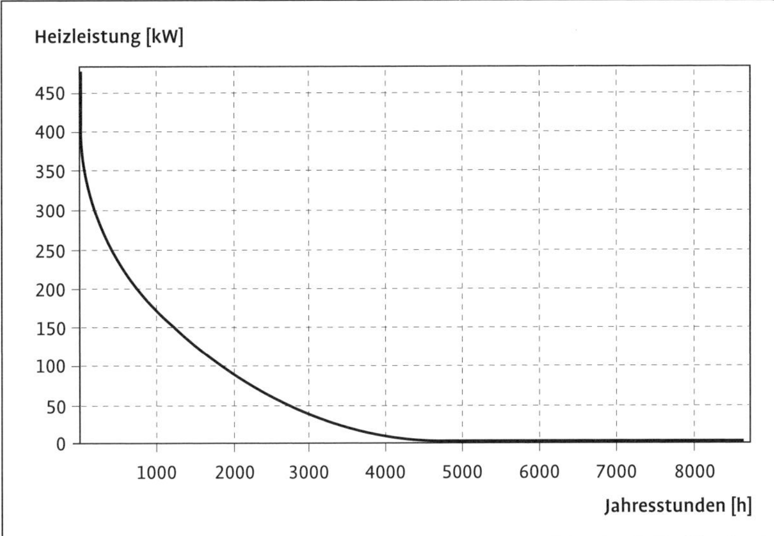

Abb. 38 Jahresdauerlinie eines Gemüsebau-(Kalt)-Betriebes (Berechnungsergebnis aus dem Programm Hortex).

Kenngrößen für Holz

Festmeter (fm):
1 fm = 1 m³ Holz ohne Zwischenräume.

Raummeter (rm), auch Ster:
Der Holzanteil eines Raummeters ist von der Größe und Form der Holzstücke und der Sorgfalt beim Aufsetzen abhängig. 1 Raummeter entspricht etwa 0,7 Festmeter.

Schüttraummeter (srm):
Im Handel oder Transport werden Kaminholz oder Hackschnitzel nicht ordentlich geschichtet. Das wäre unwirtschaftlich. Bei einer Schüttung sind deutlich mehr Zwischenräume vorhanden als bei einer Schichtung. Ein Schüttraummeter entspricht etwa 0,7 rm oder etwa 0,5 fm; bei Hackschnitzeln etwa 0,6 rm bzw. 0,4 fm. Der Schüttraummeter ist kein amtliches Maß.

Heizwert

Der Heizwert von trockenem Buchenholz beträgt etwa 1100 kWh / srm, der von Pappelholz etwa 680 kWh / srm. Bei Volllastbetrieb eines 100-kW-Kessels ergibt sich in 24 Stunden ein Verbrauch von 2 srm (bei Buchenholz), bzw. 3,5 srm (bei Pappelholz). Da der Heizwert von Holz außer von der Holzart auch vom Feuchtigkeitsgehalt abhängt und Hackschnitzel meist als Gemisch verschiedener Holzarten angeliefert werden, ist die Bestimmung des Heizwertes schwierig. Zur Abrechnung bietet es sich daher an, nach dem Kessel einen Wärmemengenzähler zu installieren und entsprechend der abgenommenen Wärmemenge und nicht nach m³ oder kg zu bezahlen.

Tab. 19 Welchen Heizwert hat Holz? Wie viel Heizöl kann man mit einem Raummeter Holz ersetzen? (www.holzhandel-holz.de)

Holzart	Heizwert in kWh / kg	Gewicht / rm Scheit- oder Rollenholz [kg]	Theoretisch zu ersetzende Heizölmenge [l / rm]	Zu ersetzende Heizölmenge bei 10 % geringerem Wirkungsgrad [l / rm]
Ahorn	4,1	520	213	192
Birke	4,3	450	194	175
Buche	4,0	500	200	180
Eiche	4,2	550	230	207
Esche	4,2	480	193	174
Pappel	4,1	380	156	140
Douglasie	4,4	410	180	162
Fichte	4,5	350	157	141
Kiefer	4,4	450	198	179
Lärche	4,3	490	210	189

Tab. 20 Energiepreise unterschiedlicher Brennstoffe (Herbst 2010)

Brennstoff	Heizwert pro Einheit	Preis pro Einheit	Preis [ct / kWh]
Heizöl	10 kWh / l	0,55 € / l	5,5
Erdgas	10 kWh / m³	0,62 € / m³	6,2
Flüssiggas	6,8 kWh / l	0,44 € / l	6,4
Koks Klasse 2	7,6 kWh / kg	56 € / dt	7,3
Scheitholz	4,1 kWh / kg	35 € / rm	1,8
Holzhackschnitzel	4,1 kWh / kg	15 € / m³	1,9
Holzpellets	4,6 kWh / kg	190 € / t	4,1

Anmerkung: 10 kWh Erdgas entsprechen 1 m³

9.8.2 Stroh- und Getreidefeuerungen

Stroh ist als Brennstoff derzeit für Anlagen bis 100 kW gemäß 1. BimSchV zugelassen. Getreide wurde als Regelbrennstoff bei der Novellierung der BimSchV mit aufgenommen. Der Ascheanteil von Getreide ist dreimal, der von Stroh siebenmal höher als der von Holz. Außerdem sind wesentlich mehr Stickstoff, Kalium und Chlor enthalten. Außer den damit verbundenen Emissionen kann dies zur Korrosion des Feuerraums führen. Die Asche-Erweichungstemperatur liegt deutlich niedriger, was zum Verklumpen und zum (zuluftseitigen) Verstopfen des Kessels führen kann. Bei Getreideheizungen lassen sich die Grenzwerte für Staub nur mit Elektrostat-Filtern einhalten. Ein weiteres Problem sind die teilweise bestehenden Grenzwerte für

Stickoxide, die nur sehr schwer eingehalten werden können. Derzeit wird viel in Forschung und Entwicklung investiert, sodass die angeführten Probleme bald gelöst sein werden.

9.8.3 Kohlekessel

Aufgrund der hohen Öl- und Gaspreise sind Kohlekessel ab einer gewissen Leistungsgröße für den Gartenbau attraktiv geworden. Seit etwa 2004 sind wieder Anthrazitkohle-Kessel auf dem Markt, nachdem sie jahrelang nicht mehr erhältlich waren. Der Betrieb mit der „relativ“ umweltfreundlichen Anthrazitkohle (aus Ibbenbüren) gewährleistet die Einhaltung der Grenzwerte der BimSchV und der TA-Luft. Bei der Anlagengröße ist gegebenenfalls zu beachten, dass über einer Gesamtgröße von 1 MW der Heizungsanlage das recht aufwendige „Vereinfachte Genehmigungsverfahren“ durchzuführen ist.

Aufgrund der baulichen Aufwendungen und der notwendigen Hilfsgeräte sollte eine Kesselgröße von 500 kW aus wirtschaftlichen Gründen nicht wesentlich unterschritten werden.

Kohlekessel können geregelt werden und bei Minimallast in den **Gluterhalt** gehen. Gluterhalt bedeutet, dass die Glut im Kessel aufrechterhalten wird und ein erneutes Entzünden beim Anfordern einer höheren Leistung nicht nötig ist. Den besten Wirkungsgrad und die günstigsten Abgaswerte haben sie bei Volllast. Deswegen sollte immer ein Öl- oder Gaskessel zur Spitzenlast- und Minimallastabdeckung vorhanden sein.

Die Anlieferung der Kohle erfolgt durch einen Lkw mit Schlauchförderer oder durch Abkippen in den Bunker. Der klassische Bunker ist ein Stahlgerüst mit Bretterverschalung. Im unteren Bereich des Bunkers befindet sich eine Austragsschnecke, welche die Kohle an den Wendelförderer übergibt. Der Rohrförderer fördert die Kohle in den Füllschacht des Kessels. Die anfallenden Feuerungsrückstände werden ebenfalls über einen Schneckenförderer in den Aschebehälter transportiert.

Die Kessel müssen nach der Heizperiode einmal im Jahr gründlich gereinigt werden. Eine Reinigung der Kessel während der Heizperioden ist nicht erforderlich. Sie sollten aber trotzdem ab und zu abkühlen. Dies erhöht die Lebensdauer. Die Reinigung der Nachschaltheizflächen (bzw. Rauchgaszüge) erfolgt selbsttätig.

Die Kessel sind standardmäßig mit einem Multizyklon zur Staubabscheidung ausgerüstet. Die Grenzwerte der 1. Stufe der kommenden

Berechungsformel für das „Vereinfachte Genehmigungsverfahren“

(Leistung Kohlekessel) / 1000 + (Leistung Öl- und Gaskessel) / 20 000 < 1

Wird diese Bedingung eingehalten, ist lediglich eine Baugenehmigung erforderlich.

BimSchV können damit eingehalten werden. Bei der zweiten Stufe der Novellierung werden (ab 2014) zusätzlich Staubfilter notwendig. Diese sind jetzt schon für Anlagen über 1000 kW erforderlich, da hier strengere Grenzwerte gelten. In einigen Gartenbaubetrieben werden noch Gasflammkohle-Kessel betrieben, die in den achtziger Jahren errichtet wurden. Diese Kohleart ist als Importkohle sehr günstig. Derzeit gibt es keinen deutschen Hersteller für diese Kessel. Sie sollten nur in „abgelegenen" Gärtnereien betrieben werden, da sie im niedrigen Teillastbetrieb stinken.

9.9 Sonderformen

9.9.1 Mit Pflanzenöl oder Biogas betriebene Blockheizkraftwerke (BHKW)

Blockheizkraftwerke basieren meist auf einem modifizierten Verbrennungsmotor. Für Heizöl oder Pflanzenöl wird ein Dieselmotor, für Gas oder Biogas ein Ottomotor oder ein Zündstrahlmotor (mit Zündflamme) verwendet. Gasturbinen sind noch wenig verbreitet. Das Prinzip beruht darauf, dass der Motor einen Generator antreibt und damit Strom erzeugt. Die Abwärme des Motors aus Kühlwasser und Auspuff wird örtlich an einen Wärmeverbraucher abgegeben. Weil dabei Strom und Abwärme genutzt werden, erreichen diese Geräte einen guten Wirkungsgrad gegenüber konventionellen (Strom-)-Kraftwerken (Selbstverständlich gibt es auch Dampfkraftwerke mit Fernwärmeauskopplung der Energieversorger, die damit im großem Stil ebenfalls gute Wirkungsgrade erreichen). Die Politik hat es sich auf die Fahnen geschrieben, diese Geräte durch das Kraftwärmekopplungsgesetz zu fördern. Der erzeugte Strom muss von den Netzbetreibern abgenommen werden. Die Vergütung setzt sich zusammen aus dem Grundpreis gemäß der Leipziger Strombörse EEX, einem Zuschlag für Kraftwärmekopplung, einem Zuschlag für den Einsatz nachwachsender Rohstoffe und einem Zuschlag, wenn gleichzeitig zur Stromerzeugung die Abwärme genutzt wird. Derzeit erhält man insgesamt etwa 19 ct/kWh, was ein sehr hoher Preis für eine CO_2-Vermeidungsstrategie ist. Nur durch diese Förderung können diese Anlagen wirtschaftlich betrieben werden. Aufgrund der hohen Investitionskosten ist es aber auch notwendig, dass ein Volllastbetrieb von möglichst mehr als 5000 Stunden im Jahr gewährleistet ist. Das macht die Einbindung eines Blockheizkraftwerks in Gartenbaubetriebe problematisch. Häufig werden der Energiebedarf und die Anzahl der Volllaststunden überschätzt, da Betreiber von Biogasanlagen und viele Contractoren von einer ganzjährigen Wärmenutzung ausgehen. In der Praxis sollte die Anlage jedoch im Vergleich zum Gesamtwärmebedarf einer Gärtnerei sehr klein sein. Bei dem vorher beschriebenen Zierpflanzenbetrieb (Abb. 6, hintere Umschlaginnenseite) genügt ein BHKW mit einer thermischen Leistung von 200 kW, das etwa 5500 h unter Volllast laufen kann (bzw. 6000 h bei 100 kW). Eine thermische Leistung von 200 kW entspricht ungefähr einer elektrischen Leistung von 120 kW. Für die Kopplung mit einem Gartenbaubetrieb sind dies gute Vorraussetzungen.

An einem zweiten Beispiel (siehe Abb. 38, Seite 89) wird deutlich, unter welchen Bedingungen sich ein BHKW nicht lohnt. Dieser Gemüsebau-(„Kalt“-)Betrieb hat einen Gesamtwärmebedarf von 500 kW. Man erkennt, dass in einem kalt gefahrenen Betrieb ein BHKW nicht wirtschaftlich einsetzbar ist, weil die notwendigen Betriebsstunden nicht erreicht werden können.

Derzeit arbeiten viele Biogasanlagen an der Grenze der Wirtschaftlichkeit, weil die Preise für Mais und anderes Getreide durch die vielen Anlagen, die in kurzer Zeit gebaut wurden, stark gestiegen sind. Die Preise für Pflanzenöl aus heimischen Ölsaaten (Raps) sind für einen wirtschaftlichen Betrieb zu hoch. Das günstigere Palmöl aus Malaysia und Indonesien ist dadurch in Verruf geraten, dass die Plantagen nach Brandrodung des Regenwaldes errichtet wurden und damit von einer CO_2-Vermeidung nicht die Rede sein kann. Relativiert werden muss dies natürlich damit, dass in Deutschland weniger als 1 % des in den asiatischen Plantagen erzeugten Palmöls thermisch verwertet wird. Prinzipiell bieten aber nachhaltig bewirtschaftete Palmölplantagen eine guten Ölausbeute und die besten Voraussetzungen für günstiges Pflanzenöl. Problematisch ist, dass das Palmöl während des Transports und der Lagerung ständig auf einer Temperatur von etwa 30 bis 35 °C gehalten werden muss. Zum Pumpen sind sogar 50 °C nötig. Erstarrt Palmöl im Tank, lässt es sich mit den Heizschlangen nicht mehr verflüssigen.

Pflanzenölbetriebene BHKW sollten immer mit einem Pufferspeicher ausgerüstet werden, um kurzfristige Schwankungen im Wärmebedarf auszugleichen. Eine vernünftige Einbindung eines BHKWs in die Heizungsanlage eines Gartenbaubetriebs lässt sich nur mit Einsatz eines Klimacomputers realisieren. Die Lagerbehälter müssen vollständig entleert werden können. Die Lagerzeit darf zwölf Monate (Rapsöl) bzw. sechs Monate (Palmöl) nicht überschreiten, da das Öl oxidiert, sich Ablagerungen bilden und es nicht mehr im Motor verbrannt werden kann.

9.9.2 Geothermie

Grundsätzlich unterscheidet man zwischen oberflächennaher Geothermie und Tiefengeothermie.

Bei der Nutzung der Erdwärme unterscheidet man je nach der Tiefe, in der die Wärme gewonnen wird, zwischen der oberflächennahen Geothermie (bis etwa 300 m Tiefe) und der Tiefengeothermie bis etwa 5000 m Tiefe.

Die Investitionskosten für den Bau einer Anlage zur Nutzung der Tiefengeothermie sind erheblich. Als Betreiber kommen daher nur

Kommunen oder Spezialfirmen mit solventen Investoren in Frage, die dann als „Contractoren“ (= ausführende Unternehmen, die als Dienstleister Heizenergie bereitstellen) die Wärme verkaufen. Eine Nutzung von geothermischen Anomalien (wie z. B. in Island) zur Gewächshausbeheizung kann in entsprechenden Gegenden durchaus sinnvoll sein.

Um mit der oberflächennahen Geothermie Wärme zu gewinnen, können Erdsonden bis 300 m Tiefe eingesetzt werden. Energiepfähle in 10 bis 20 m Tiefe oder Energiekörbe in etwa 3 m Tiefe bieten ein zu geringes Potential, um für die Gewächshausbeheizung genutzt werden zu können. Die oberflächennahe Geothermie ist für Gartenbaubetriebe zwar interessanter als die Tiefengeothermie, aber zurzeit nicht ausreichend wirtschaftlich. Die Tiefengeothermie ist bis auf wenige Ausnahmeorte ebenfalls nicht wirtschaftlich.

Mithilfe von Förder- oder Schluckbrunnen kann auch Zugriff auf die Wärme des Grundwassers genommen werden. Dazu ist der Betrieb einer Wärmepumpe nötig. Die Heizflächen des Gewächshauses sollten dazu für eine maximale Vorlauftemperatur von 55 °C ausgelegt sein. Dies ist mit der üblichen Rohrheizung nicht möglich. Normalerweise werden Rohrheizungen für eine mittlere Rohrtemperatur von 80 °C ausgelegt. Bei einer Raumtemperatur von 18 °C gibt dann ein Meter Rohr 160 Watt ab. Bei einer mittleren Rohrtemperatur von 40 °C (Vorlauf 50 °C, Rücklauf 30 °C) liefert dann das Rohr bei 18 °C Raumtemperatur nur noch 50 Watt. Um das Gewächshaus unter diesen Voraussetzungen zu beheizen, benötigte man dann mehr als die dreifache Menge an Rohren, was den Lichteinfall ins Gewächshaus erheblich behindern würde. Der Wärmebedarf des Gewächshauses sollte daher bei Nutzung dieser Energiequelle zumindest zu einem Teil durch eine Fußbodenheizung gedeckt werden.

Die Energiedichte ist bei der herkömmlichen Erdwärmenutzung sehr gering. Bei Bohrlochtiefen um die 100 m (wie im Wohnungsbau üblich) lässt sich pro Loch mittels einer Wärmepumpe eine Leistung von etwa 10 kW (eventuell bis 20 kW) erreichen. Bei einem durchschnittlichen Wärmebedarf von 250 W / m² des Gewächshauses sind damit gerade 40 m² Gewächshausfläche beheizbar. Demgegenüber stehen Bohrkosten (inkl. Verrohrung) von etwa 100 € / m Bohrlochtiefe (zuzüglich der Kosten für die Wärmepumpe).

Der Wirkungsgrad einer Wärmepumpe für die Erdwärmenutzung ist abhängig von der Temperaturdifferenz zwischen Wärmequelle und Heizwassertemperatur.

Der Wirkungsgrad einer Wärmepumpe für die Nutzung der Erdwärme hängt von der Temperaturdifferenz zwischen der Wärmequelle (Erdbohrung) und der Heizwassertemperatur ab. Je kleiner diese ist, desto besser ist der Wirkungsgrad. Das bedeutet, je heißer die Temperatur in der Tiefe ist, desto geringer ist die zur Erreichung einer Vorlauftemperatur von beispielsweise 50 °C nötige Energiemenge. Die **Leistungszahl** (englisch: Coefficient Of Performance = COP) ist die Maßzahl für den Wirkungsgrad einer Wärmepumpe. Sie gibt das Verhältnis von nutzbarer Wärmeleistung der Wärmepumpe zur aufgewendeten elektrischen Antriebsenergie für den Verdichter an.

Der praxisgerechtere Wert ist die **Arbeitszahl** α. Sie gibt den Wärmeenergieeintrag eines Jahres pro eingesetzter elektrischer Energie an und liegt normalerweise bei 3. Wenn man in Betracht zieht, dass konventionell (z. B. aus Kohle) erzeugter Strom mit einem Wirkungsgrad von 35 % hergestellt wird, ist der Einsatz einer elektrischen Wärmepumpe zumindest volkswirtschaftlich in Frage zu stellen. Seit 2009 sind wieder gasbetriebene Wärmepumpen mit größeren Leistungen auf dem Markt. Diese haben den Vorteil, dass die Abwärme des gasbetriebenen Motors ebenfalls für die Beheizung genutzt werden kann und dadurch der primärenergetische Wirkungsgrad deutlich besser ist. Bei Gaswärmepumpen spricht man nicht von der Leistungszahl sondern vom Wirkungsgrad (bis 1,6).

Der Einsatz von oberflächennahem Grundwasser kann, wo dies möglich ist und wo eine Genehmigung dafür zu bekommen ist, zur Gewächshausbeheizung sinnvoll sein. Die Entnahme von Grundwasser über einen Förderbrunnen und die Rückführung über einen Schluckbrunnen zusammen mit dem Einsatz einer Gaswärmepumpe kann wirtschaftlich interessant sein. Bei dieser Kombination ist prinzipiell auch eine Kühlung der Gewächshausanlage möglich. Die Lage von Förder- und Schluckbrunnen muss sorgfältig gewählt werden, damit sich über das Grundwasser kein Kurzschluss, also eine direkte Wasserbewegung zwischen Förder- und Schluckbrunnen, ergibt. Die Investitionskosten dabei sind allerdings erheblich und können leicht das Zehnfache einer konventionellen Heizung erreichen.

9.9.3 Solarthermie

Die solare Einstrahlung trägt tagsüber zu einem erheblichen Teil zur Beheizung eines Gewächshauses bei. Das prinzipielle Problem bei der Nutzung von solarer Wärme ist die zeitliche Verschiebung zwischen Energieangebot und Energiebedarf (Tag- / Nacht- bzw. Sommer- / Winterverschiebung). Die größte Schwierigkeit bei der Solarenergie-Nutzung besteht also in der Energiespeicherung. Als Kurzzeitspeicher wurden bisher in Versuchsanlagen Schotterspeicher unter dem Gewächshaus und große Warmwasserspeicher benutzt. Latentwärmespeicher, bei denen die Energie durch einen Phasenübergang (fest/ flüssig) gespeichert wird, stehen trotz jahrzehntelanger Forschung nicht zu wirtschaftlichen Preisen zur Verfügung. Jahreszeitenspeicher müssten so groß dimensioniert sein, dass sie nicht wirtschaftlich wären. Wegen des hohen Wärmebedarfs der Gewächshäuser sind sehr große Solarkollektorflächen erforderlich, um zu einem nennenswerten Anteil zur Deckung des Jahreswärmebedarfs beizutragen.

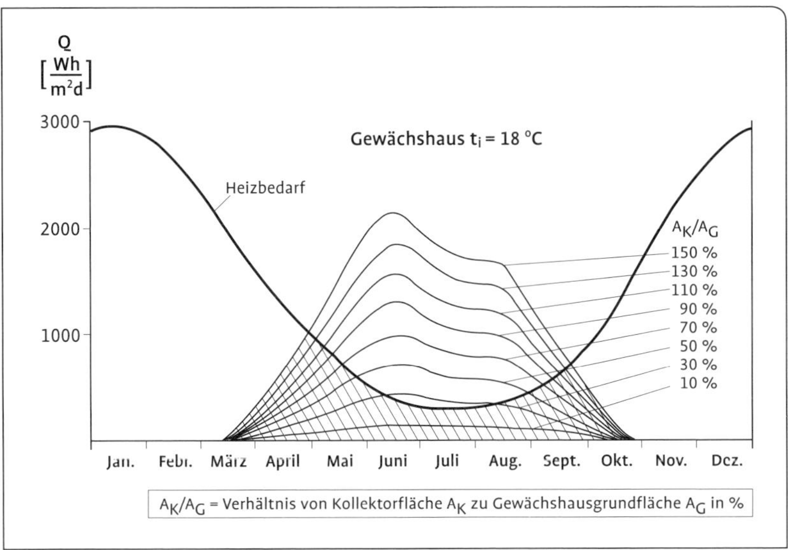

Abb. 39 Wärmebedarf eines Gewächshauses – Solares Energieangebot, Jahresgang (nach VON ZABELTITZ 1982).

In Abbildung 39 ist der Jahresgang des Wärmebedarfs eines Warmhauses dargestellt. Erkennbar ist die für verschiedene Kollektorflächen gewinnbare Wärmemenge. Die Kollektorfläche wird jeweils in Prozent der Gewächshausgrundfläche (von 10 bis 150 %) angegeben. Mit einer Kurzzeitspeicherung ist nur der Energieanteil nutzbar, welcher der gestrichelten Fläche unter der Heizbedarfs-Energielinie entspricht. Man erkennt, dass nur bei einer sehr kleinen Kollektorfläche (10 %) das volle Energieangebot des Kollektors genutzt werden kann. Bei größeren Kollektorflächen entsteht im Sommer Überschusswärme. Wenn der Energiebedarf des Gewächshauses von Mai bis September mit Kollektoren gedeckt werden soll, ist eine Kollektorfläche erforderlich, die in etwa der Grundfläche des Gewächshauses entspricht. Da aber Kollektorfläche ein Vielfaches der Gewächshausfläche kostet, ist, ganz abgesehen vom Platzbedarf, eine Wirtschaftlichkeit nicht zu erreichen.

9.9.4 Solareis (von der Firma Isocal)

Dieses relativ neue Heizungssystem basiert auf der Latentwärmenutzung von Wasser. Es nutzt die Energie, die beim Phasenwechsel von Wasser zu Eis freigesetzt wird. Zentrales Element ist neben einer Wärmepumpe der sogenannte Solar-Eis-Speicher (= großer Wasserspeicher). Hierzu kann ein Betonbecken, ähnlich einem großen Regenwasserbecken unter Gewächshausanlagen, verwendet werden. Es wäre aber auch denkbar, offene Regenwasserbecken im Freien zu nutzen. Das darin enthaltene Wasser kann Wärmeenergie über einen Zeitraum von mehreren Monaten speichern. Im Gegensatz zu sonstigen Systemen muss der Wasserspeicher nicht auf hohe Temperaturen erwärmt werden und benötigt deshalb auch keine Isolierung. Der Speicher wird mit Schwimmbadabsorbern (schwarze Schläuche auf dem Dach) lediglich nacherwärmt. In der Heizphase nutzt die Wärmepumpe das im Speicher befindliche Wasser als Wärmequelle. Das funktioniert so lange, bis das Wasser im Speicher vollständig gefroren ist. Dieses System ist als Grundlastversorgung zu betrachten, ein Spitzenlastkessel, der aus Sicherheitsgründen die komplette Anlage auch allein versorgen könnte, ist immer erforderlich. Als Wärmepumpe(n) sollten aus Gründen des besseren Wirkungsgrads Kaskaden von Gaswärmepumpen verwendet werden. Von einem Solar-Eis-Speicher gehen keine Gefahren für das Grundwasser aus. Anders als bei Erdbohrungen ist auch kein Genehmigungsverfahren nötig. Die Wirtschaftlichkeit ist für jeden Fall einzeln zu untersuchen.

10 Brenner

Der Brenner hat folgende Aufgaben:
- Brennstoffzufuhr,
- Mischen des Brennstoffs mit Luft,
- Entzünden des Brennstoff-Luft-Gemisches,
- Überwachen und Regeln des Verbrennungsvorganges.

10.1 Brenner-Bauarten

10.1.1 Öl-Druck-Zerstäubungsbrenner

Im Gartenbau sind sogenannte Öl-Druck-Zerstäubungsbrenner verbreitet.

Funktionsprinzip

Abbildung 40 zeigt die Funktionsweise. Das Öl wird mithilfe einer **Pumpe** (4) durch eine **Düse** (13) gepresst und zerstäubt. Der so entstandene Ölnebel wird mit dem von einem **Gebläse** (2) erzeugten Luftstrom vermischt. Die **Stauscheibe** (15), ein rundes Blech mit Schlitzen, trägt dazu bei, Öl und Luft zu vermischen. So entsteht ein leicht entzündliches Gemisch. Beim ersten Anlaufen entzünden **Zündelektroden** (12) das Gemisch. Zur Zündung muss sich zwischen den beiden Elektroden (Abstand etwa 5 bis 6 mm) ein Hochspannungsfunken bilden. Die dafür erforderliche Spannung liefert der **Zündtransformator** (9), der die Eingangsspannung von 230 V auf etwa 12 000 V Zündungsspannung hoch transformiert. Zu den Aufgaben des Brenners gehört auch die Brennstoffzufuhr. Dies geschieht durch eine Pumpe, die von einem **Elektromotor** (1) auf der gleichen Welle angetrieben wird wie das Gebläserad. Sie saugt bei sogenannten Einstranganlagen das Öl über eine **Saugleitung** (5) im Überschuss an und fördert es über eine **Druckleitung** (7) mit einem Druck von 7 bis 25 bar weiter zur Düse. Überschüssiges Öl zirkuliert zwischen Brenner und Filter. Zweistrangsysteme mit einer **Rücklaufleitung** zum Tank (6) sind bis auf wenige Ausnahmen nicht mehr erlaubt. Die Saugleitung enthält einen **Ölfilter**. Das **Steuerungsgerät** überwacht und kontrolliert folgende Funktionen: Elektromotor, Brennstoffzufuhr, Zündung, Flammenüberwachung. Kommt es zum Beispiel zum Ausfall der Flamme oder zu einer Fehlzündung, muss die Ölzufuhr mittels eines **Magnetventils** (8) sofort unterbrochen werden. Die Überwachung der Flamme erfolgt durch den sogenannten **Flammenwächter** (10) (= Fotozelle oder Fotowiderstand). Dieser schützt den Kessel durch sofortiges Abschalten des Brenners und der Ölzufuhr vor auslaufendem Öl.

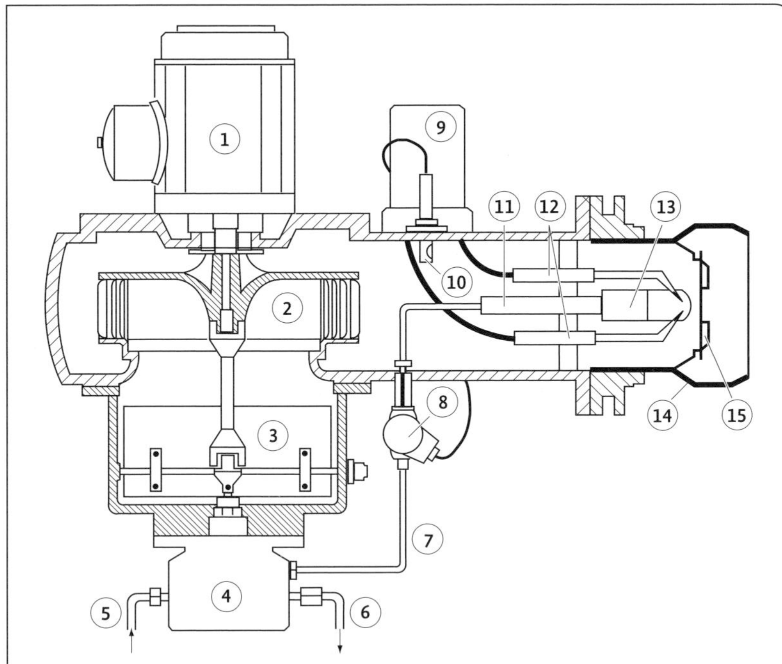

Abb. 40 Schnitt durch einen Hochdruck-Zerstäubungsbrenner für Heizöl EL:
1 = Elektromotor,
2 = Gebläse,
3 = Luftklappe,
4 = Pumpe,
5 = Saugleitung,
6 = Rückleitung,
7 = Druckleitung,
8 = Magnetventil,
9 = Zündtransformator,
10 = Flammenwächter,
11 = Düsenstock,
12 = Zündelektroden,
13 = Düse,
14 = Flammrohr,
15 = Stauscheibe
(nach VELMANS 1993b).

10.1.2 Brenner für gasförmige Brennstoffe

Der Brennstoff muss nicht zerstäubt, verdampft oder vergast werden. Da das Gas im Versorgungsnetz schon unter Druck steht, ist auch keine Pumpe zum Fördern des Gases nötig. Einfache atmosphärische Brenner nutzen den vorhandenen Gasdruck, um die nötige Verbrennungsluft anzusaugen. Bei größeren Kesselanlagen, wie sie in Gartenbaubetrieben üblich sind, findet man sogenannte Gas-Gebläse-Brenner. Diese gleichen in ihrem Bau den Druck-Zerstäubungsbrennern für Heizöl EL.

Sie saugen die erforderliche Verbrennungsluft mit einem Gebläse an und fördern sie mit Druck unter Beimischung des Brennstoffes in den Brennraum. Durch die im Vergleich zu atmosphärischen Brennern intensivere Durchmischung von Brennstoff und Luft erreicht man einen besseren Wirkungsgrad.

Atmosphärische Gaskessel nutzen den Druck des Gases aus dem Versorgungsnetz, um den Brennstoff mit der Verbrennungsluft zu vermischen und funktionieren ohne Gebläse. Diese Geräte sind sehr robust und wartungsarm. Atmosphärische Brenner über 100 kW Leistung weisen einen etwas schlechteren Wirkungsgrad auf als Gebläsebrenner. Brennwertkessel mit atmosphärischem Brenner sind bis zu einer Leistung von etwa 500 kW erhältlich. Diese Geräte sind im Vergleich zu Brennwertkesseln mit modulierendem Brenner erheblich günstiger. Sie benötigen zur Abführung der Abgase einen Ventilator.

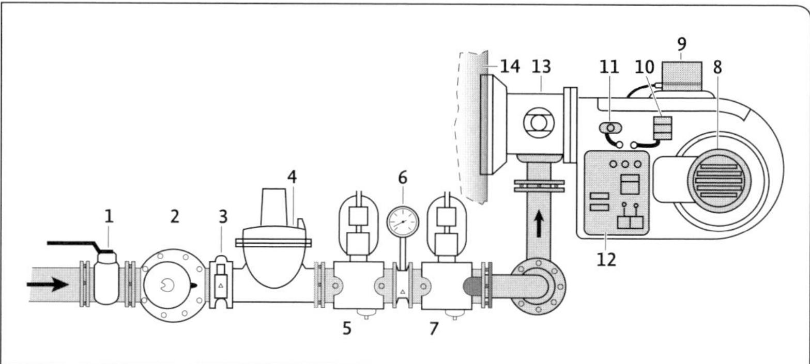

Abb. 41 Gebläse-Brenner:
1 = Gas-Absperrhahn, dient dem Öffnen und Absperren der Gasleitung von Hand,
2 = Gasfilter, reinigt das hindurchströmende Gas von unerwünschten Beimengungen,
3 = Gasmangelsicherung, überwacht den Gasdruck und schaltet bei Druckabfall ab,
4 = Gasdruckregler, hält bei allen Betriebszuständen den Gasdruck konstant,
5 = Gasventil, ist ein Magnetventil, welches zur Gasfreigabe oder -sperrung dient,
6 = Manometer (mit Druckknopfhahn), damit kann der jeweilige Gasdruck überprüft werden,
7 = Gasventil, ist ebenfalls ein Magnetventil, mit den gleichen Funktionen wie 5,
8 = motorbetriebenes Gebläse, welches die erforderliche Verbrennungsluft heranfördert,
9 = Zündtrafo, sorgt für die erforderliche Zündspannung an den Elektroden,
10 = Luftmangelsicherung, schaltet bei Luftmangel während der Vorbelüftung und bei Druckabfall während des gesamten Brennerbetriebes auf Störung (aus),
11 = Flammenwächter, registriert das Vorhandensein und die Stabilität der Flamme,
12 = Feuerungsautomat, steuert den gesamten automatischen Funktionsablauf,
13 = Mischrohr, in welchem aus Gas und Luft ein brennbares Gemisch aufbereitet wird,
14 = Heizkessel, in welchem das Heizungswasser von der Brennerflamme erwärmt wird
(nach VELMANS 1993a).

10.1.3 Zweistoffbrenner

Diese Brenner können Öl oder Gas verbrennen. Die Wahl des Brennstoffs kann von Hand oder automatisch erfolgen. Gas und Heizöl stellen ähnliche Ansprüche an die Brennertechnik. Daher sind grundsätzlich alle Gebläsebrenner als Zweistoffbrenner geeignet. Allerdings sind sowohl Regel- und Zerstäubungseinrichtungen für Heizöl als auch Regel- und Sicherheitseinrichtungen für Gas nötig, was die Brenner relativ teuer macht. Außerdem ist es schwieriger, einen Brenner für zwei unterschiedliche Brennstoffe optimal einzustellen. Interessant macht diese Brenner, vor allem im größeren Leistungsbereich, die von den Gasversorgern angebotenen Abschaltverträge. Hier gibt es günstigere Konditionen, wenn man bereit ist, im Winter zu Spitzenlastzeiten von Gas auf Öl umzuschalten.

10.2 Leistungsregelung

Die maximale Brennerleistung ist auf die kältesten Tage des Jahres abgestimmt. In kleinen Anlagen reagiert der Brenner auf den augenblicklichen Wärmebedarf durch Aus- und Einschalten (= einstufige Leistungsregelung). Brenner über 80 kW arbeiten zweistufig (Teillast, Volllast), z. B. über zwei Düsen am Düsenkopf, die von zwei Magnetventilen getrennt gesteuert werden und den Ölzufluss regulieren, oder dreistufig (entsprechend mit drei Düsen). Zusätzlich muss dann die Luftzufuhr über einen Luftklappenstellmotor entsprechend angepasst werden. Um eine optimierte Anpassung der Brennerleistung an den Wärmebedarf der Anlage zu erreichen, werden modulierende Brenner, die ihre Leistung stufenlos anpassen können, eingesetzt. Dadurch erhöhen sich Brennerlaufzeit und Wirkungsgrad. Bei Brennwertnutzung im größeren Leistungsbereich sollten unbedingt modulierende Brenner benutzt werden.

10.3 Brennerstörungen – Fehlersuche und Möglichkeiten der Behebung

Störungen zeigt der Brenner in der Regel durch das Aufleuchten des rot- bzw. orangefarbenen Entstörknopfes an. Es gehört nicht zu den Aufgaben des Gärtners, Schäden am Brenner selbst zu beheben, jedoch können die in Tabelle 21 aufgeführten Maßnahmen durchgeführt werden, bevor man den Kundendienst anfordert. Der Entstörknopf ist in der Regel für fünf Sekunden gedrückt zu halten. Startet der Brenner danach nicht, ist ein Kundendiensteinsatz notwendig. Neuere Weishaupt-Brenner mit digitaler Regelung können über den „Info“-Knopf entstört werden.

Tab. 21 Brennerstörungen

Störung / Ursachen	Maßnahmen
Rote bzw. orange Störlampe brennt	Entstörknopf drücken, Startvorgang wird wiederholt
Störabschaltung vor Zündversuch	
Fremdlichteinfluss täuscht Flamme vor, undichtes Magnetventil	Fotozelle und Magnetventil überprüfen
Störabschaltung nach Zündversuch	
Fotozelle verschmutzt	Reinigen
Keine Heizölförderung	Heizölvorrat überprüfen
Brennstofffilter verstopft (Paraffinausscheidungen)	Reinigen
Elektroden, Düse, Stauscheibe verschmutzt	Reinigen
Mangelnde Zuluft	Zuluftöffnungen des Heizraumes prüfen (Schneeverwehungen?)
Kontrolllampe brennt nicht	
Falsche Schalterstellung	Alle Schalter überprüfen (auch Notschalter außerhalb des Heizraumes)
Sicherungen herausgesprungen oder durchgebrannt	Sicherung einschalten / erneuern → möglichst nur einmal, wegen möglicher Schäden an elektrischen Teilen
Wassermangelsicherung oder Druckbegrenzer hat ausgelöst (falls vorhanden)	Wasserstand prüfen, bei Bedarf auffüllen, Wassermangel- und Druckschalter entriegeln

11 Heizungssysteme

Das Heizungssystem sorgt für die Wärmeabgabe und -verteilung im Gewächshaus und somit schließlich für die Erwärmung der Pflanzen.

11.1 Anforderungen und Grundlagen der Wärmeübertragung

Heizungssysteme sollen eine schnelle Anpassung an den Wärmebedarf ermöglichen. Pflanzennahe Heizungssysteme verteilen dabei die Wärme besonders gleichmäßig im Pflanzenbestand. Eine gute Regelbarkeit des Systems ist eine weitere Voraussetzung für einen sparsamen Betrieb.

Grundlagen der Wärmeübertragung

Heizungssysteme geben die Wärme auf unterschiedliche Weise ab:

- Rohrheizung: etwa 50 % Konvektion und 50 % langwellige Wärmestrahlung.
- Luftheizung: über 90 % Konvektion.
- (Fuß-)Bodenheizung: überwiegend Wärmeleitung.
- Strahlungsheizung: überwiegend langwellige Wärmestrahlung.

Was ist der Unterschied zwischen Wärmeleitung, Konvektion und Wärmestrahlung?

Wärmeleitung. Bei der Wärmeleitung vollzieht sich der Wärmeenergie-Transport durch Wechselwirkungen zwischen Atomen bzw. Molekülen, wobei aber kein Stofftransport auftritt. Metalle leiten Wärme sehr gut. Wärmedämmstoffe, wie Polystyrol, leiten Wärme schlecht.

Konvektion. Bei dieser Art des Wärmetransports muss die Wärme von einem „Träger“ mitgenommen werden. Das ist nur mit strömungsfähigen Stoffen, z. B. Wasser oder Luft, möglich. An heißen Rohrleitungen oder Heizkörpern erwärmt sich die Luft. Sie steigt auf und überträgt die Wärme an die Wände und das Dach des Gewächshauses und an den Pflanzenbestand.

Anforderungen an Heizungssysteme:

- energiesparend,
- billig,
- gut und schnell regelbar,
- sollen Kulturarbeiten nicht behindern,
- sollen Lichteinfall ins Gewächshaus nicht behindern,
- gleichmäßige Wärmeverteilung,
- gute Luftumwälzung,
- haltbar und zuverlässig.

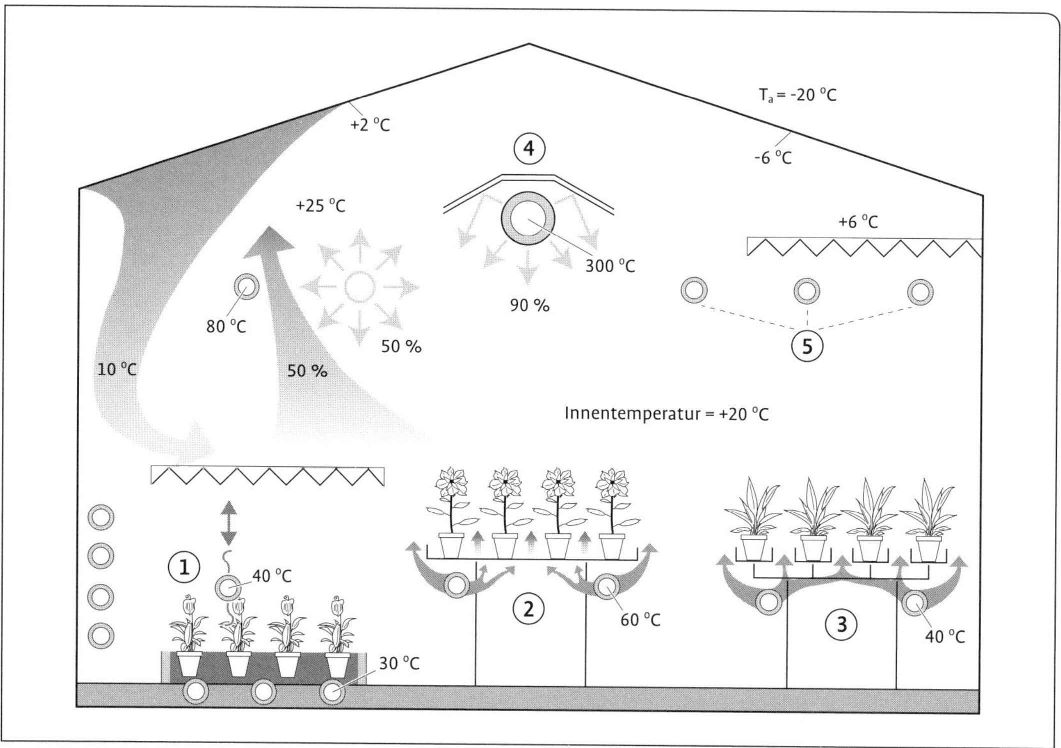

Abb. 42 Heizungsarten und Wärmeübertragung im Gewächshaus:
1 = höhenveränderliche Rohrheizung,
2 = Untertischheizung,
3 = Untertischheizung bei Rinnensystemen,
4 = Strahlungsheizung,
5 = obere Rohrheizung
(nach KÖHLER 2008).

Wärmestrahlung. Bei dieser Form des Wärmetransports ist kein „Träger" nötig. Er basiert auf elektromagnetischen Wellen und ist auch im luftleeren Raum möglich (Sonnenstrahlung!). Jeder Körper gibt Wärmestrahlung in alle Richtungen ab und zwar umso mehr, je wärmer er ist. Die Luft zwischen der Wärmestrahlungsquelle, z. B. einer Strahlungsheizung oder einer heißen Heizungsrohroberfläche, und dem Pflanzenbestand wird nicht direkt erwärmt. Demzufolge liegt die Blatttemperatur in der Regel über der Lufttemperatur, wenn der Wärmeübergang fast ausschließlich über Wärmestrahlung erfolgt.

11.2 Warmwasserheizungssysteme und ihre energetische Bewertung

Rohrheizungssysteme sind bei uns am weitesten verbreitet. Nach der Anordnung der Rohre (siehe Tab. 22) werden sie eingeteilt in:

- hohe Rohrheizung: Rohre im Dachraum, in Traufenhöhe.
- Stehwandheizung: Rohre an den Stehwänden und Giebeln.
- niedrige Rohrheizung: Rohre in Bodennähe, meist an beiden Seiten der Wege.
- Vegetationsheizung: Kunststoffrohre in Bodennähe oder auf dem Boden im Pflanzenbestand, zwischen den Pflanzenreihen oder zwischen den Töpfen.

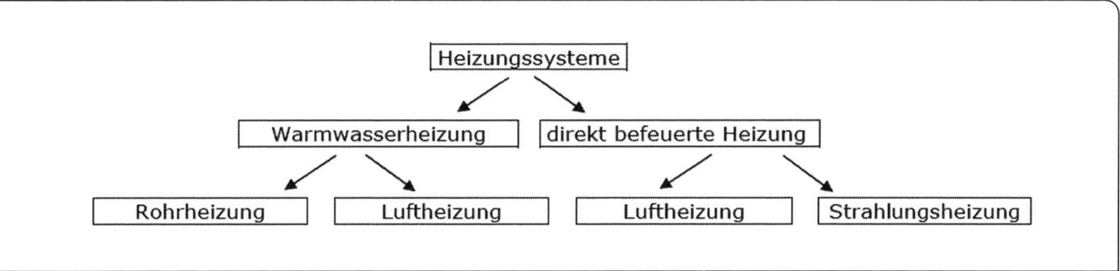

Abb. 43 Einteilung der Heizungssysteme (aus TANTAU 2004).

Tab. 22 Rohrheizungssysteme

Heizungssystem	Vorteile	Nachteile
Hohe Rohrheizung	– Kulturflächen frei für beliebige Nutzung – Kulturarbeiten werden nicht behindert – einfache, preiswerte Konstruktion – Schnee taut im Winter relativ schnell vom Dach ab	– hoher Energieverbrauch – Erwärmung des Dachraums (Konvektion) – Wärmeverluste (Wärmeabstrahlung an kalte Hüllfläche) – geringe Luftbewegung im Pflanzenbestand – behindert Lichteinfall
Wandrohrheizung = Stehwandheizung	– verhindert seitlichen Kaltlufteinfall in den Pflanzenbestand	– 50 % der Wärmestrahlung wurden direkt an die kalte Hüllfläche abgegeben
Untertischheizung	– erhöhte Tisch- und Substrattemperatur – Rohre stören nicht bei der Arbeit	– bei niedrigen Außentemperaturen ist häufig ein zweites Heizungssystem nötig – nach Bewässerung (feuchte Tischoberflächen) hohe Verdunstung (Energieverbrauch, hohe Luftfeuchte)
Niedrige Rohrheizung	– geringer Wärmeverbrauch – gleichmäßige Wärmeverteilung direkt im Pflanzenbestand – aufsteigende Warmluft führt überschüssige Luftfeuchte aus Pflanzenbestand ab (weniger Pilzkrankheiten) – Rohre können auch als Transportschienen für Erntewagen, Arbeitsplattformen, Spritzroboter dienen	– bei niedriger Außentemperatur ist häufig ein zweites Heizungssystem nötig – bei trockener Luft verstärktes Auftreten von Spinnmilben – Behinderung von Kulturarbeiten – Vorlauftemperatur maximal 60 °C, sonst Gefahr von Pflanzenschäden
Vegetationsheizung	– geringer Wärmeverbrauch – gleichmäßige Wärmeverteilung direkt im Pflanzenbestand – aufsteigende Warmluft führt überschüssige Luftfeuchte aus Pflanzenbestand ab (weniger Pilzkrankheiten)	– auf dem Boden liegende Rohre geben einen Teil der Wärme an den Boden ab (Verluste) – Behinderung von Kulturarbeiten – Vorlauftemperatur und Heizleistung sind begrenzt (zweites Heizungssystem nötig)
Hebe-/Senkheizung	– Kulturarbeiten nicht behindert – Wärme immer in der Nähe der Hauptwachstumszone	– sehr teuer

- Untertischheizung: Rohre unter den Tischen.
- Hebe-/Senkheizung: an Seilen oder Ketten aufgehängte Rohre werden mittels eines zentralen Antriebs oder manuell angehoben oder abgesenkt.
- (Fuß-)Bodenheizungen.
- Konvektorenheizungen: Heizkörper entlang Stehwand und Giebel.

Rohrheizungen geben ihre Wärme je zur Hälfte über Strahlung und Konvektion ab, **(Fuß-) Bodenheizungen** über Wärmeleitung, -strahlung und Konvektion.

Bei Warmwasserheizungen hat die Anordnung der Heizungsrohre im Gewächshaus entscheidenden Einfluss auf den spezifischen Wärmeverbrauch.

Wichtig ist dabei das Temperaturprofil über die Höhe des Gewächshauses. Bei modernen Produktionshäusern mit Rinnenhöhen über 5,00 m kommt von der konvektiven Wärmeabgabe einer hohen Rohrheizung im Pflanzenbestand nichts mehr an. Andererseits ist es für viele Kulturen wichtig, dass die kalte Dachfläche abgeschirmt wird.

Abb. 44 Temperaturverteilung und Wärmeverbrauch von Rohrheizungssystemen.

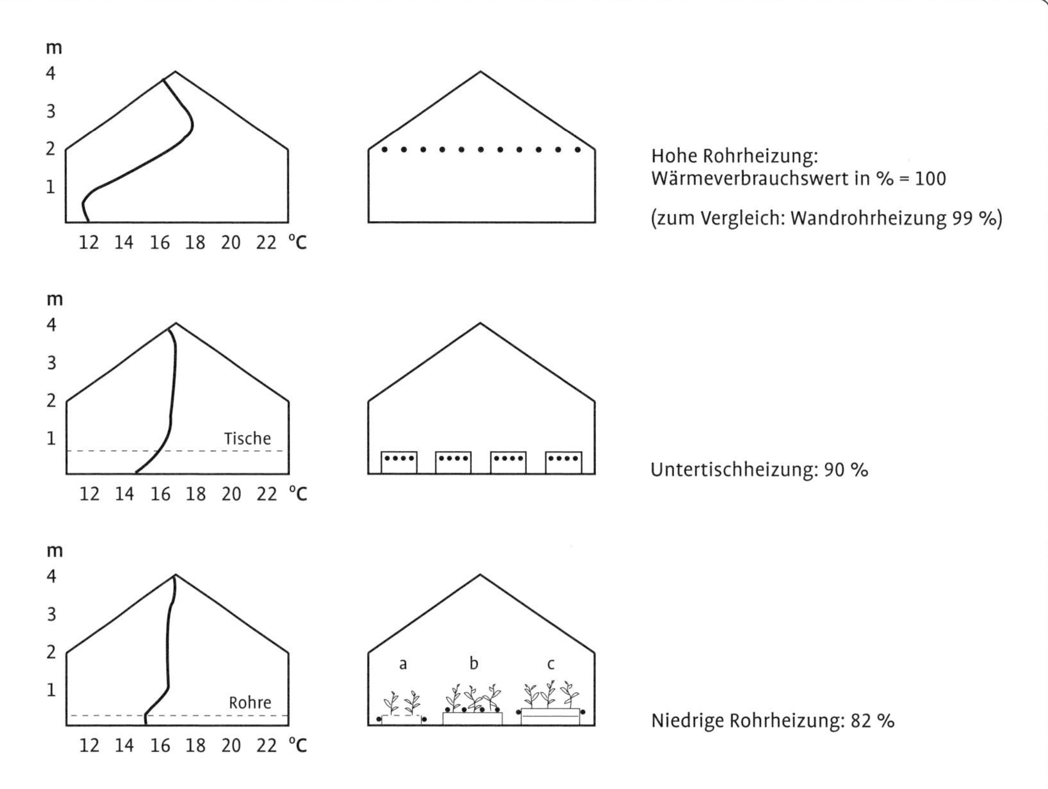

Energetische Bewertung

Zuleitung. Zunächst einmal muss die Wärme vom Heizraum zu den jeweiligen Gewächshäusern gebracht werden. Zuleitungen und Ringleitungen sollten isoliert werden. Dies bietet ein erhebliches Einsparpotential. Selbst wenn diese Leitungen durch beheizte Gewächshäuser verlaufen, ist noch lange nicht sichergestellt, dass die Zu-/Ringleitungen die Wärme dort abgeben, wo sie gebraucht wird.

Hohe Rohrheizung. Dieses System ist bezüglich des Energieverbrauchs nicht positiv zu bewerten. Zum einen strahlen die Rohre Wärme direkt in den Dachbereich ab, zum anderen ist der Temperaturverlauf über das Gewächshaus nicht optimal. Für einige Kulturen sind die (Wärme)-Abschirmung des Daches und die Kombination aus Strahlungs- und Konvektionsheizung mit der einhergehenden Erhöhung der Blatttemperatur einer hohen Rohrheizung optimal. Problematisch ist, dass die Rohre in den immer höher werdenden Gewächshäusern immer weiter vom Pflanzenbestand entfernt sind. Die Temperaturschichtung über die Höhe des Gewächshauses lässt sich mit Ventilatoren aufheben. Die Rohre haben durch den relativ großen Wasserinhalt eine gewisse thermische Trägheit. Die Heizung lässt sich damit nicht in der gewünschten Geschwindigkeit regeln. Kleinere Rohre beugen dieser Erscheinung zum Teil vor. Wenn statt 60 × 2-mm-Rohren 48 × 2-mm-Rohre eingesetzt werden, benötigt man 20 % mehr Rohre (Rohrmeter). Der Wasserinhalt der Anlage beträgt dann aber nur noch 73 % der Ausgangsmenge.

Temperaturschichtung im Gewächshaus bei hoher Rohrheizung. Die Beheizung großer, hoher Gewächshäuser erfordert einen enormen Energieaufwand. Warme Luft steigt nach oben und bildet ein Wärmepolster unter dem Dach bzw. dem Energieschirm. Diese Wärme geht durch Transmissionsverluste nach außen vermehrt verloren und im Kulturbereich fehlt Wärme. Herkömmliche Ventilatoren können die Luft nur horizontal bewegen und ihr zu wenig gezielte Bewegungsenergie geben. Der Luftstrom nach unten reißt daher weit über dem Boden ab und die Wärme steigt wieder nach oben, bevor die Kulturen richtig davon profitieren können. Ventilatoren mit Flügelrädern unter der Gewächshausdecke erzeugen in der Regel viel zu hohe Luftgeschwindigkeiten, was zu einer Austrocknung des Pflanzenbestandes führt. Außerdem wird keine homogene Luft-/Wärmeverteilung erreicht. Gebläse mit speziellen Düsen (z. B. Turbulatordüse der Doll Wärmetechnik GmbH) ermöglichen eine gezielte Rückführung der Warmluft in den Kulturbereich und die Nutzung der Stauwärme, bevor sie durch den Dachbereich verloren geht, ohne dass Zuglufterscheinungen auftreten. Damit lässt sich die Temperaturschichtung im Gewächshaus aufheben. Die Geräte werden mit ei-

Abb. 45 Vertikale Temperaturverteilung in einem Gewächshaus mit hoher Rohrheizung (nach TANTAU 1983).

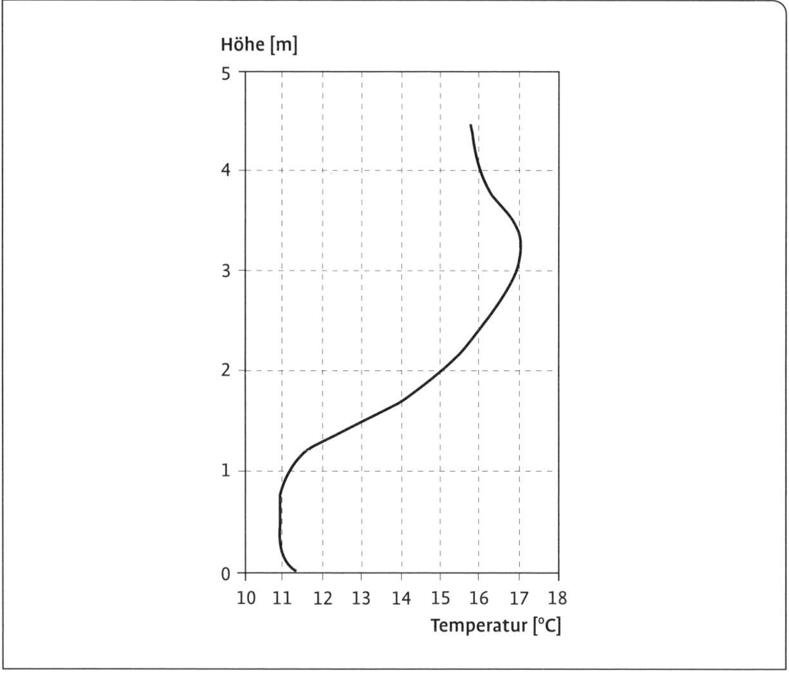

Abb. 46 Deckenventilator.

Vorteile von Deckenventilatoren mit einstellbaren Turbulator- oder Luftlenklammellen gegenüber herkömmlichen Ventilatoren

- Energieeinsparung durch Wärmerückführung in den Pflanzenbestand und den Messbereich der Raumthermostate; dadurch verringerte Laufzeiten der Heizsysteme bzw. Umwälzpumpen.
- Energieeinsparung durch niedrigere Transmissionsverluste. Die Wärme wird in den Kulturbereich zurückgeführt, bevor sie durch die Dachflächen anteilig verloren geht.
- Geringer Stromverbrauch durch hocheffiziente, kommutierte Motoren.
- Der Luftstrom ist an die Gegebenheiten des Gewächshauses und dessen Stehwand- / Firsthöhen anpassbar.
- Geringe Geräuschentwicklung, dadurch auch für Verkaufsbereiche geeignet.
- Gehäuse aus hochglänzendem Edelstahl beugen einer Lichtabsorption und Schattenwirkungen im Kulturbereich vor.

nen sparsamen kommutiertem Elektromotor angeboten. Der so erzeugte, langsame vertikale Luftstrom führt überschüssiges Wasser aus dem Pflanzenbestand ab und beugt Pilzerkrankungen vor.

Stehwandheizung. Dieses System, bei dem Heizrohre an den Stehwänden und Giebeln bis zu einer Höhe von etwa 1,00 m angeordnet sind, ist energetisch besser zu bewerten. Zum einen erfolgt die Wärmeabgabe in der Nähe des Pflanzenbestands, zum anderen wird der Lichteinfall nur wenig behindert. Diese Heizung ist als alleiniges Heizsystem nicht ausreichend und wird meist mit einer hohen Rohrheizung (Oberheizung) kombiniert.

Niedere Rohrheizung und Vegetationsheizung. Diese pflanzennahen Systeme sind positiv zu bewerten. Als alleinige Heizung sind sie aber meist nicht ausreichend. Beide Systeme müssen getrennt von einer eventuell vorhandenen Oberheizung gefahren werden, um allzu hohe Temperaturen in direkter Pflanzennähe zu vermeiden. Als niedere Rohrheizung wird eine Heizung aus Stahlrohren bezeichnet, die wenige Zentimeter hoch abgeständert, meist an den Seiten der Beete verlegt wird. Die Vegetationsheizung (siehe Farbtafel vordere Umschlaginnenseite, Abb. 1) wird mit Kunststoffschläuchen ausgeführt, die im Pflanzenbestand auf dem Boden liegen. Ein großes Problem bei dieser Heizungsart ist der Sauerstoffeintrag durch die Kunststoffschläuche. Agrotherm-Rohre aus PE sind nicht sauerstoffdiffussionsdicht und können leicht zur Zerstörung des Heizkessels führen. Aber auch die als sauerstoffdicht gekennzeichneten Polybutenrohre sind nicht unkritisch zu beurteilen. Sauerstoffdiffussionsdichte Rohre, wie sie bei Fußbodenheizungen eingesetzt werden, sind nicht UV-beständig. Generell sollte eine Vegetationsheizung auch zum Schutz gegen Wasserverluste nur mit Systemtrennung (Wärmetauscher) betrieben werden.

Untertischheizung. Dieses System ist als pflanzennahe Heizung positiv zu bewerten. Die regelungstechnische Trägheit ist ähnlich problematisch wie bei der Oberheizung. Es besteht die Möglichkeit, auch mit Kunststoffverbundrohren von 20 mm Durchmesser zu arbeiten, bei denen die Wärmeabgabe wesentlich schneller geändert werden kann. Bei Rolltischen (oder Containeranlagen) ist die Wärmeabgabe aufgrund der geschlossenen Tischoberfläche problematisch. Die Untertischheizung kann nur den Tischbelag aufheizen und auf den Stirnseiten der Tische sowie den Spalten dazwischen Wärme durch Konvektion abgeben. Heizungstechnisch optimal wäre es, wenn anstatt eines geschlossenen Belags auf den Tischen Fließrinnen eingesetzt würden.

Abb. 47 Anschlüsse der heb- und senkbaren Heizung.

Forcas-Rohre
Die Bezeichnung stammt aus dem Holländischen und bedeutet direkt übersetzt „fürs Gewächshaus" – for cas.

Heb- und senkbare Heizung. Die Heizrohre werden an Seilen oder Ketten abgehängt und können per Motor oder manuell in der Höhe verstellt werden. Der giebelseitige Anschluss erfolgt über Schläuche. Generell ist eine Heizung in Pflanzennähe wirtschaftlich sinnvoll. Die oft eingesetzten Forcas-Rohre haben (wenn sie die gleiche Leistung abgeben sollen wie eine hohe Rohrheizung) einen deutlich geringeren Wasserinhalt. Die Flügel-Rohre von Alcoa sind dagegen schneller regelbar und, wenn sie im Pflanzenbereich angebracht sind, energetisch sinnvoll. Den Nachteil des Schattenwurfs muss der Gärtner bewerten. Wenn Forcas-Rohre, wie üblich, mit zwei Rohren pro Beet eingesetzt werden, können damit als alleinigem Heizsystem nur Raumtemperaturen von maximal 5 °C erreicht werden. Moderne Hebe-/Senkheizungssysteme mit veränderbarer Höhenanbringung sind besonders sparsam und ermöglichen eine gezielte Wärmeabgabe, angepasst an die Pflanzengröße.

(Fuß-)Bodenheizung. Eine Fußbodenheizung, die üblicherweise ohne Wärmedämmung eingebracht wird, muss bei kleineren Einheiten als „Energievernichtungsmaschine" angesehen werden. Bei größeren Einheiten und einer großen Grundwassertiefe bildet sich unter dem Gewächshaus eine relativ stabile „Wärmelinse". Dies minimiert die Verluste nach unten erheblich. Bodenheizungen sind sehr träge. Je nach Bodenaufbau kann es sehr lange dauern, bevor neue Einstellungen wirksam werden. In der Regel ist ein warmer Wurzelbereich pflanzenbaulich günstig zu bewerten. Dies kann durch eingegrabene Rohre, durch eine Fußbodenheizung oder durch auf Tischen verlegte

Rippenrohre
Normalerweise sind 48er-Rohre auf die Lamellen aufgebracht. Der Außendurchmesser beträgt dann 100 mm. Es werden etwa 70 Lamellen / m verwendet. Heizungstechnisch stellen Rippenrohre eine Zwischenform zwischen Rohrheizung und Konvektorheizung dar.

Rohre geschehen (**Intischheizung**). Diese Systeme tragen dann aber nur wenig zur Raumheizung bei. Verkaufsgewächshäuser können zu einem erheblichen Anteil (etwa 30 %, je nach Anteil der transparenten Eindeckung) über eine Fußbodenheizung beheizt werden.

Konvektorenheizung. Dieses System gibt einen Großteil der Wärme über Konvektion ab. Hier ist die Oberfläche der Heizungsrohre durch Lamellen vergrößert.

Die Heizungsrohre sind in einen Schacht eingebaut, wodurch sich der Auftrieb der erwärmten Luft erhöht (Schornsteineffekt). Dies verbessert die Heizleistung im Vergleich zu einer normalen Rohrheizung deutlich (1,00 m Konvektor kann bis zu 10,00 m Heizungsrohr ersetzen). Die Konvektoren befinden sich üblicherweise im unteren Bereich der Stehwände und Giebel. Die erwärmte Luft strömt aus dem Konvektor zunächst an der Stehwand entlang und dann am schrägen Dach nach oben bis zum Firstbereich. Damit schützt dieses Heizungssystem vor Kaltlufteinfall vom Dachbereich bei nicht zu breiten Häusern. Außerdem beschlagen die Scheiben nicht. Allerdings treten Wärmeverluste auf, da die Warmluft zunächst an der kalten Hüllfläche entlang strömt. Der Heizenergieverbrauch ist daher nur um etwa 5 % niedriger als bei der hohen Rohrheizung. Obwohl diese Geräte eine hohe spezifische Wärmeabgabe haben, reichen sie als alleinige Heizflächen meist nicht aus und werden mit einer hohen Rohrheizung oder einer Luftheizung kombiniert. Ein Problem ist die Reinigung der schnell verschmutzenden Lamellen der Geräte.

11.3 Luftheizungssysteme

11.3.1 Warmwasserbetriebene Lufterhitzer

Bei diesen Lufterhitzern wird ein warmwasserdurchströmtes Register durch ein Gebläse zwangsdurchströmt. Es handelt sich um eine reine konvektive Heizung. Die Luftheizung ist die regelungstechnisch günstigste Heizung. Im Dachbereich angebrachte Lufterhitzer erhöhen allerdings die Luftgeschwindigkeit und führen dadurch zu einem größeren Wärmeübergang an der Scheibe. Deckenluftheizer mit direktem oder vierseitigem Ausblas werden in der Mitte des Gewächshauses so aufgehängt, dass die erwärmte Luft in vier Richtungen oder nach unten austritt. Diese Lufterhitzer sind an das Rohrheizungssystem der Gewächshausanlage angeschlossen (siehe Farbtafel vordere Umschlaginnenseite, Abb. 2).

Das heiße Vorlaufwasser durchströmt einen Wärmetauscher, ähnlich wie der Kühler bei einem Pkw. Ein Ventilator saugt Gewächshausluft an und drückt diese durch den Wärmetauscher, wodurch sie sich erwärmt. Hinter dem Wärmetauscher befindet sich ein Luftverteilkasten mit Luftklappen. Diese sind so eingestellt, dass die Warmluft weit genug nach unten in den Pflanzenbestand ausgeblasen wird. Die Heizleistung hängt von der Gebläsestufe des Ventilators ab. Bei der kleinsten Gebläsestufe erreicht die Warmluft bei hohen Häusern nicht den Pflanzenbestand. Sie steigt vorher wieder nach oben und erwärmt den Dachraum. Das führt zu einem um etwa 20 % höheren Wärmeverbrauch als bei der hohen Rohrheizung. Die zweite Gebläsestufe ist vom Energieverbrauch her am günstigsten. Bei der dritten Stufe steigt der Wärmeverbrauch durch die höhere Luftströmung wieder an.

Die einfache und relativ preiswerte Konstruktion sorgt für eine gute Luftumwälzung und eine schnelle Erwärmung. Rasche Temperaturänderungen sind ebenfalls möglich. Bei einem Heizungsausfall sinkt die Gewächshaustemperatur sehr schnell ab, da wenig heißes Wasser als Wärmespeicher in den Leitungen zirkuliert. Häufig ist die Wärmeverteilung ungleichmäßig und empfindliche Pflanzen können Trockenschäden erleiden.

11.3.2 Luftheizer mit Folienschlauch

Bei diesem System ist der Luftheizer als „Wandlufterhitzer" senkrecht im Giebelbereich angebracht. Die Verteilung der erwärmten Luft erfolgt einseitig horizontal mittels eines gelochten Folienschlauches von 0,60 bis 1,20 m Durchmesser, der in Längsrichtung zum Gewächshaus

Tab. 23 Spezifischer Wärmeverbrauch verschiedener Heizungssysteme (nach TANTAU 1983)

Heizungssystem	Spezifischer Wärmeverbrauch [%]
Hohe Rohrheizung	100
Wandrohrheizung	99
Untertischheizung	90
Niedrige Rohrheizung	82
Deckenluftheizer	
Gebläsestufe	121
Gebläsestufe	87
Gebläsestufe	97
Konvektoren	95
Luftheizer mit Folienschlauch	85

angebracht ist. Diese Konstruktion verbessert die Warmluftverteilung wesentlich. Allerdings ist der Lichteinfall ins Gewächshaus vermindert. Noch energiesparender ist die Anordnung der Folienschläuche unter den Tischen oder bei Reihenkulturen zwischen den Reihen direkt auf dem Boden.

11.3.3 Direkt befeuerte Heizsysteme

Bei direkt befeuerten Systemen bildet der Heizkessel mit dem Wärme abgebenden Gerät eine Einheit. Diese Systeme befinden sich in den Gewächshäusern, ein Heizraum ist dafür nicht erforderlich. Direkt befeuerte Heizsysteme sind im Allgemeinen billiger. Der Wirkungsgrad ist besser, da die Abstrahlverluste der Geräte im Gewächshaus entstehen. Die gasbefeuerten Systeme können einfach außer Betrieb genommen werden, wenn das Gewächshaus im Winter stillgelegt werden soll. Außerdem bieten sie die Möglichkeit, das Abgas zur CO_2-Düngung ins Gewächshaus einzuleiten. Es gibt allerdings noch kein zugelassenes Gerät, welches wahlweise das Abgas ins Gewächshaus oder ganz bzw. teilweise durch den Schornstein abführen kann. Die oft ungleichmäßige Wärmeverteilung im Gewächshaus, die ungleichmäßige Abschirmung der Hüllfläche und die teilweise höhere Lichtminderung sind Nachteile der Geräte. Zur Brennstoffversorgung muss die Gasleitung in jedes Gewächshaus geführt oder in jedem Haus ein Öltank aufgestellt werden. Jedes Gerät außer den CO_2-Kanonen benötigt ein eigenes Abgassystem.

Erdgasbefeuerte Strahlungsheizung. Diese Heizungen gibt es als Hell- oder Dunkelstrahler. Beim **Dunkelstrahler** ist der Brenner anstatt an einen Kessel an ein schwarzes Rohr angeschlossen, das in Längsrichtung im Gewächshaus aufgehängt ist. Das Rohr erwärmt sich und gibt Wärme als Strahlung ab. Über dem Rohr ist ein isolierter Reflektor angebracht, der die nach oben abgestrahlte Wärme wieder Richtung Pflanzenbestand umlenkt. Bei Gemüse- und Baumschulkulturen sind hier Energieeinsparungen möglich, da die Häuser sehr kalt gefahren werden können. Mit dieser Heizung ist es auch möglich, Häuser im Winter komplett stillzulegen. Einige Kulturen (Jungpflanzen) vertragen eine reine Strahlungsheizung nicht. Beim Einsatz eines Dunkelstrahlersystems ist es möglich, die Lufttemperatur im Gewächshaus (relativ) niedrig und die Blatttemperatur trotzdem hoch zu halten. Dies kann bei Feuchteproblemen günstig sein. Eine erhöhte Blatttemperatur bewirkt eine höhere Verdunstungsrate, was die Energieeinsparung durch die Strahlungsheizung wieder kompensieren kann. Die Nachteile dieses Systems liegen darin, dass die Rohre maximal etwa 30 m lang sein können und dass jedes Rohr seine eigene Abgasleitung und seinen eigenen Brenner benötigt. Je nach Schiffbreite werden ein bis zwei Rohre eingesetzt. Dies kann bei größeren Anla-

Für die erdgasbefeuerte Strahlungsheizung können sowohl Dunkelstrahler als auch Hellstrahler zum Einsatz gelangen.

gen zu einem erheblichen Wartungsaufwand führen. **Hellstrahler** werden im Leistungsbereich bis etwa 40 kW gebaut. Das Gas wird dabei katalytisch an Keramikrohren bei 900 °C verbrannt. Sie sind für Kulturgewächshäuser nicht geeignet. Hellstrahler funktionieren wie die in Straßencafés verbreiteten „Heizpilze". Die orange leuchtenden Flächen sind dabei die Keramikrohre. Die Abfuhr der Abgase erfolgt über das Dach (oder die Wand) ohne einen speziellen Kamin durch einen Ventilator mit einer Jalousienklappe.

Direkt befeuerte Lufterhitzer. Im Gegensatz zur oben angeführten Strahlungsheizung erfolgt bei diesen Geräten die Wärmeabgabe ausschließlich über erzwungene Konvektion. Bei direkt befeuerten Lufterhitzern erwärmt ein atmosphärischer oder ein Gebläsebrenner eine Brennkammer, die von Luft umgeben ist. Die Luft wird mit einem Gebläse an der Brennkammer entlang geführt und ins Gewächshaus eingeblasen. Die Luftverteilung erfolgt entweder über eine mehrseitige Ausblashaube über ein Kanalsystem (Schattenwurf) oder einen gelochten Folienschlauch. Wenn keine exakte Temperaturführung und Temperaturverteilung gefordert ist, stellen diese Geräte eine preisgünstige und robuste Lösung dar.

Abb. 48 Konvektor.

Abb. 49 Gaslufterhitzer.

Gaslufterhitzer. Gaskanonen können gut für die Beheizung nicht durchgängig beheizter Gewächshäuser eingesetzt werden. Dabei handelt es sich um erdgasbefeuerte Warmlufterzeuger, bei denen das Abgas direkt ins Gewächshaus eingeblasen wird. Diese Geräte sind preisgünstig (keine Abgasführung) und haben den Vorteil, dass die Pflanzen mit CO_2 gedüngt werden. Die Gewächshäuser können im Winter problemlos stillgelegt werden. Der Wirkungsgrad ist günstig und damit der Brennstoffverbrauch gering. Wenn der gesamte Wärmebedarf des Gewächshauses durch Gaskanonen gedeckt wird, wird die maximale Arbeitsplatzkonzentration von CO_2 in der Atemluft erheblich überschritten. Solange die Heizung läuft, kann und darf in den Gewächshäusern nicht gearbeitet werden. Vor dem Betreten der Häuser muss gründlich gelüftet werden. Die Abgase gasbefeuerter Luftheizer enthalten neben CO_2 auch Wasserdampf. Beide Gase können insbesondere in dichten Folienhäusern Probleme bereiten. Die CO_2-Konzentration steigt bei Dauerbetrieb im Winter rasch auf gesundheitsschädliche Konzentrationen an, sie darf jedoch gemäß der Arbeitsstättenrichtlinie einen Wert von 5000 ppm nicht überschreiten, was durch geeignete Mess- und Steuereinrichtungen sichergestellt werden muss. Diese ermöglichen auch das Einhalten einer optimalen CO_2-Konzentration bei der CO_2-Düngung. Durch den Wasserdampf in

Tab. 24 Ölverbrauch, um ein Gewächshaus frostfrei zu halten (2 bis 4 °C)

Monat	Heizölverbrauch (Heizöl EL / m²)
Januar	1,3 bis 1,6 l
Februar	1,1 bis 2,1 l
März	0,7 l
November	0,2 l
Dezember	0,5 bis 1,5 l

Beispiel:
Voraussetzungen:
Gewächshaus: 20 × 50 × 4,00 m (1000 m²)
Dach: Einfachglas
Stehwände und Giebel: Isolierglas
Optional: Energieschirm, mittlere Güte
Auslegung +15/–15 °C:
Wärmebedarf: 280 W / m²
Brennstoffbedarf pro Jahr: 33 l / m²
Brennstoffbedarf pro Jahr mit Wärmeschirm: 22 l / m²
Auslegung +5/–15 °C:
Wärmebedarf: 180 W / m²
Brennstoffbedarf pro Jahr: 19 l / m²
Brennstoffbedarf pro Jahr mit Wärmeschirm: 15 l / m²

den Abgasen nimmt die Luftfeuchte im Gewächshaus zu. Pflanzenschäden durch Pilzkrankheiten sind möglich.

11.4 Stilllegung von Heizungssystemen

In den Wintermonaten werden etwa 70 % der Jahresheizenergie verbraucht (siehe Tab. 24). Deshalb lohnt sich unter Umständen das Stilllegen von Gewächshäusern. Die Stilllegung der Heizung in einzelnen Häusern ist nicht unproblematisch. Das Wasser muss abgelassen werden. Die Rohre sind einem starken Korrosionsangriff ausgesetzt. Lufterhitzer lassen sich nicht vollständig entleeren und müssen abgebaut werden. Das Abtauen von Schnee auf den Dächern ist nicht möglich. Ein gewisser Reparaturbedarf beim Wiederanfahren der Anlage ist wahrscheinlich. Alternativ kann das Heizungswasser mit Frostschutzmittel versehen werden. Dies bedeutet einen höheren Energiebedarf der Pumpen und muss für die gesamte Anlage erfolgen. Eine weitere Möglichkeit besteht darin, eine Frostfreischaltung einzubauen. Das Wasser in den Heizungsrohren wird soweit erwärmt, dass es nicht einfriert. Die Lufttemperatur im Haus fällt dabei unter 0 °C. Wenn ein Gewächshaus nur kalt gefahren wird, sind die geringere Flächenproduktivität und die längere Kulturzeit zu berücksichtigen. Wichtig ist auch, dass dabei bei verschiedenen Kulturen Krankheitsgefahren drohen. Das Stilllegen sollte nur bei Einfachhäusern, die sowieso leer stehen, in Betracht gezogen werden. Ein Gewächshaus, das mit Heizung, Energieschirm, Tischen und Bewässerung ausgestattet ist, kann aus wirtschaftlichen Überlegungen nicht stillgelegt werden.

12 Brennstoffe

Nach einer Umfrage aus dem Jahr 2004 sind Heizöl und Erdgas nach wie vor die wichtigsten Energieträger im Unterglasgartenbau.

Der Einsatz nachwachsender Rohstoffe ist momentan noch relativ gering. Holz als Heizmaterial kommt dabei die größte Bedeutung zu, während Alternativen wie Getreide, Biogas oder Stroh nur eine untergeordnete Rolle spielen.

12.1 Heizöl

12.1.1 Eigenschaften

Dieser Brennstoff wird zu 99 % aus Erdöl hergestellt. Nach Dichte und Zähflüssigkeit (= Viskosität) unterscheidet man unter anderem die Heizölsorten Heizöl EL (extraleichtflüssig) und Heizöl S (schwerflüssig). Im Gartenbau ist fast nur Heizöl EL gebräuchlich.

Heizwert. Der Heizwert ist die Wärmemenge, die bei vollständiger Verbrennung eines Stoffes frei wird, wobei man dabei die Kondensation des Wasserdampfes nicht berücksichtigt. Die Angabe erfolgt in MJ / kg. Heizöl EL muss mindestens einen Heizwert von 42,6 MJ / kg aufweisen. Dies entspricht 10,08 kWh / l. Die offizielle, europaweit geltende Abkürzung für Heizwert lautet H_i (i von „inferior" = untergeordnet, früher H_u).

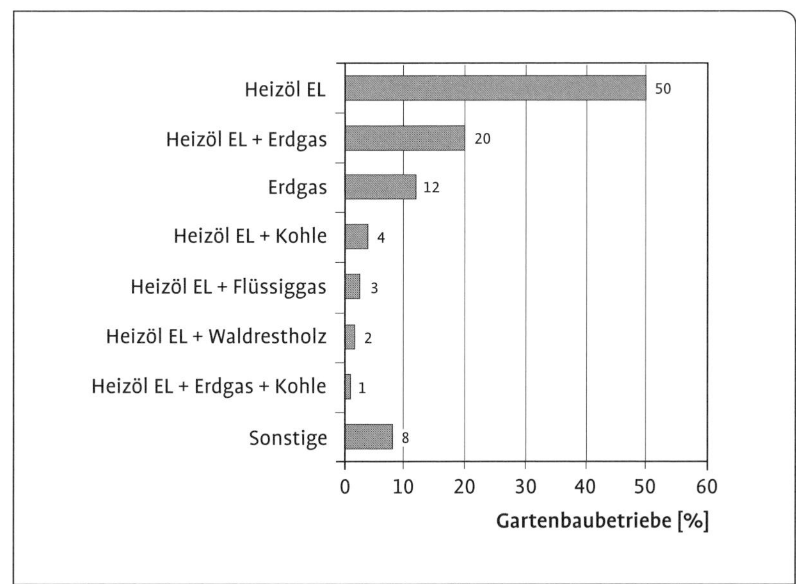

Abb. 50 Energieträger im Gartenbau (nach www.bgt.uni-hannover.de).

Tab. 25 Heizwerte verschiedener Brennstoffe (1)

Brennstoffart	Einheit	Heizwert [kWh / Einheit]
Heizöl EL	l	10,20
Propan	kg	12,87
Propan	l	6,88
Anthrazit	kg	8,95
Gasflammkohle	kg	8,02
Importkohle (0 bis 50 mm)	kg	7,21
Holzpellets	kg	4,90
Holzhackschnitzel	m^3	730
Grünguthackschnitzel	m^3	600
Erdgas E	m^3	9,57

Tab. 26 Heizwerte verschiedener Brennstoffe (2)

Brennstoffart	Heizwert (H_i) [MJ / kg]	Bemerkungen
Laub- und Nadelholz	8,10 bis 15,00	abhängig vom Wassergehalt
Pappel- und Weidenholz	7,65 bis 14,26	abhängig vom Wassergehalt
Halmgüter (z. B. Stroh)	11,86 bis 14,21	abhängig vom Wassergehalt
Heizöl EL	42,70	
Heizöl S	40,20	
Erdgas	35,90	in MJ / m^3
Steinkohle	30,00 bis 35,00	
Braunkohle	8,00 bis 11,00	

Brennwert. Der Brennwert ist die Wärmemenge, die bei vollständiger Verbrennung nutzbar wird, wobei die Kondensationswärme des entstehenden Wasserdampfes berücksichtigt ist (Brennwert = Heizwert + Kondensationswärme). Bei Heizöl EL liegt der Brennwert etwa 6 % höher als der Heizwert. Die offizielle, europaweit geltende Abkürzung für Heizwert lautet H_s (s von „superior“ = übergeordnet, früher H_o).

Flammpunkt. Der Flammpunkt ist die niedrigste Temperatur, bei der sich über einer Flüssigkeit unter bestimmten, genau festgelegten Bedingungen Dämpfe in solcher Menge bilden, dass ein durch Fremdentzündung entflammbares Gas-Luft-Gemisch entsteht.

Kälteverhalten. Ein natürlicher Bestandteil von Heizöl EL sind langkettige Kohlenwasserstoffe (**Paraffine**), die unterhalb einer bestimmten Temperatur ihre Löslichkeit verlieren und als weißer Schleier oder

Tab. 27 Umrechnungszahlen (1)

Merkmal	Heizwert (H_i)		Brennwert (H_s)		Differenz ($H_s - H_i$)
1 kg Heizöl EL	11,86 kWh	= 42,6 MJ	12,57 kWh	= 45,3 MJ	6,0 %
1 kg Propan	12,87 kWh	= 46,3 MJ	14,00 kWh	= 50,4 MJ	8,8 %
1 kg n-Butan	12,69 kWh	= 45,7 MJ	13,77 kWh	= 49,6 MJ	8,5 %
1 kg Holz	4,40 kWh	= 15,8 MJ	4,83 kWh	= 17,4 MJ	9,7 %
1 m³ Erdgas E[1] (high)	11,04 kWh	= 39,7 MJ	12,20 kWh	= 43,9 MJ	10,5 %
1 m³ Erdgas LL[2] (low)	9,28 kWh	= 33,4 MJ	10,00 kWh	= 36,0 MJ	7,8 %

[1] früher Erdgas H
[2] früher Erdgas L

Tab. 28 Umrechnungszahlen (2)

Energieträger	Entspricht
1 kWh	= 3600000 J = 3,6 MJ
1 kg Heizöl EL	= 1,197 l Heizöl EL
1 kg Heizöl EL	= 1,181 m³ Erdgas E[1]
1 m³ Erdgas E[1]	= 0,846 kg Heizöl EL
1 m³ Erdgas E[1]	= 1,013 l Heizöl EL

[1] früher Erdgas H

Flocken erkennbar werden. Die Paraffinausscheidung kann bereits bei Temperaturen über 0 °C beginnen (= Cloud-Point) und hat in der Regel noch keinen Einfluss auf die Gebrauchsfähigkeit des Heizöls. Bei niedrigeren Temperaturen flocken immer mehr Paraffine aus. Die Temperatur, bei der ein Prüffilter mit einer Maschenweite von 0,045 mm verstopft wird, bezeichnet man als **C**old **F**ilter **P**lugging **P**oint (CFPP) (= Temperaturgrenzwert der Filtrierbarkeit). Die Grenzwerte betragen abhängig vom Cloud Point −10 bis −12 °C. Die Temperatur, bei der Öl nach Abkühlung gerade noch fließfähig ist, bezeichnet man als Pour Point (liegt bei −9 °C und tiefer). Das Heizöl kann bei diesen Temperaturen gerade noch in Rohrleitungen fließen. Den Vorfilter einer Ölheizungsanlage kann es dagegen nicht mehr passieren. Um das Risiko einer Betriebsstörung gering zu halten, setzen die Heizölanbieter dem Heizöl Fließ- oder Filtrierbarkeitsverbesserer zu. Es kann dann auch bei Unterschreitung des Cloud Point die Filter weitestgehend passieren. Vorbeugend sollten Öltank, -leitungen und Bauelemente frostgeschützt installiert werden. Ist dies nicht möglich, schaffen eine elektrische Tankheizung oder eine Begleitheizung der Heizölleitungen Abhilfe.

12.1.2 Heizöllagerung

Verordnungen, Gesetze

Heizöl EL gehörte als brennbare Flüssigkeit mit einem Flammpunkt von 55 bis 100 °C gemäß der „Verordnung über brennbare Flüssigkeiten (VbF)“ bisher in die Gefahrenklasse A III (= wenig feuergefährlich). Mit der Betriebssicherheitsverordnung (BetrSichV) wurde die VbF aufgehoben. Ab sofort ist die in Tabelle 29 aufgeführte neue Einstufung wirksam. Zwar sind die früheren Verordnungen aufgehoben, doch gelten sie weiterhin als gesicherte arbeitswissenschaftliche Erkenntnisse und sind daher weiter zu beachten.

Eine weitaus größere Gefahr geht von Heizöl auf das Grundwasser aus. Es wird als wassergefährdende Flüssigkeit in die **W**asser**g**efährdungs**k**lasse WGK II eingeordnet. Für die Lagerung gelten eine Reihe bundes- und landesrechtlicher Verordnungen und Richtlinien (siehe Tab. 30) mit dem Ziel, Schäden durch auslaufendes Heizöl zu verhindern.

Lagertechnik

Heizöl wird ober- oder unterirdisch gelagert. Oberirdische Tanks bestehen aus Stahl, Polyamid (PA), Polyethylen (PE) oder GFK, unterirdische Tanks aus Stahl oder GFK. Die unterirdische Lagerung erfolgt

Tab. 29 Einstufung von Heizöl nach der Betriebssicherheitsverordnung (2002)

Einstufung	Flammpunkt	Beispiel
Keine Einstufung	> 55 °C	Heizöl
Entzündlich	21 bis 55 °C	Petroleum, Terpentinersatz
Leicht entzündlich (F)	0 bis 21 °C	Ethanol, Aceton
Hoch entzündlich (F^+)	< 0 °C	Benzin

Tab. 30 Bundes- und landesrechtliche Regelungen zur Heizöllagerung

Bundesrechtliche Verordnungen und Richtlinien	Landesrechtliche Verordnungen und Richtlinien
– Baurecht (Baugesetz) – Wasserrecht (Wasserhaushaltsgesetz, Katalog wassergefährdender Flüssigkeiten, Musterverordnung über Anlagen zum Umgang mit wassergefährdenden Stoffen) – Umweltschutzrecht (Abfallgesetz, Altölverordnung, allgemeine Verwaltungsvorschriften) – Arbeitsschutzrecht (Verordnung über brennbare Flüssigkeiten – VbF, Technische Regeln brennbare Flüssigkeiten – TRbF)	– Landesbauordnung – Feuerungsverordnung (FeuVO) – Verordnung über Anlagen zum Umgang mit wassergefährdenden Stoffen (VAwS)

Bodenverunreinigungen durch Heizöl

Seit Herbst 1992 wird eine Bodenverunreinigung, z. B. durch Heizöl, als Straftat mit Freiheits- bzw. Geldstrafen geahndet. Im Wasserhaushaltsgesetz (WHG) ist dazu in § 19, Absatz 2, unter anderem Folgendes zu lesen:

„... Der Betreiber einer Anlage zum Umgang mit wassergefährdenden Stoffen hat ihre Dichtheit und die Funktionsfähigkeit der Sicherheitseinrichtungen ständig zu überwachen. ...“

in doppelwandigen Tanks, einwandigen Tanks mit Kunststoff-Innenhülle oder GFK-Kugeltanks mit außen liegendem Betonmantel.

Oberirdische Lagerung

Bei dieser preiswertesten Form der Heizöllagerung sind folgende Punkte zu beachten:

- Behälter, Armaturen und Leitungen sind gegen mechanische Schäden zu schützen.
- Einwandige Tanks müssen in einen Auffangraum / eine Auffangwanne gestellt werden, damit eventuell auslaufendes Öl aufgefangen wird.
- Der Auffangraum darf keinen Ablauf besitzen.
- Lagerräume in Gebäuden sind mit einem ölbeständigen Anstrich zu versehen, alternativ dazu müssen die Tanks doppelwandig und lecküberwacht ausgeführt werden. Lagerräume in Gebäuden müssen feuerbeständige Wände (und Decken) besitzen. Die Lagerraumtür aus Feuer hemmendem Material muss sich selbstständig schließen und in Fluchtrichtung öffnen.
- Im Heizraum selbst dürfen bis zu 5000 l Heizöl gelagert werden, wobei der Mindestabstand zur Feuerungsanlage einen Meter betragen muss.
- Zugänge sind mit der Aufschrift „Heizöllagerung“ zu kennzeichnen.

Unterirdische Lagerung

Anzeigepflicht. Bei der unterirdischen Lagerung kann Öl unter Umständen unbemerkt austreten. Daher gelten erhöhte Sicherheitsanforderungen. So ist die unterirdische Heizöllagerung grundsätzlich bei der Gemeinde anzeigepflichtig, das heißt die Gemeinde ist von der Einlagerungsabsicht in Kenntnis zu setzen. Bei der oberirdischen Lagerung – dazu gehört auch die Lagerung in einem Keller – besteht diese Informationspflicht erst ab 1000 Liter Tankvolumen. Die Tankanlage muss alle fünf Jahre von einem Sachverständigen überprüft werden.

Bau. Um Ölunfälle zu vermeiden, ist schon beim Ausheben der Baugrube darauf zu achten, dass der Boden tragfähig und steinfrei ist. Der Behälter muss allseitig in mindestens 200 mm Erdreich ohne scharfkantige Gegenstände eingebettet werden. Bei hohem Grundwasserstand ist eine fachgerechte Verankerung des Tanks nötig.

Leckanzeige. Zur Grundausstattung gehört ein optisches und akustisches Anzeigegerät von Undichtigkeiten (= **L**eck**a**nzeige**g**erät = LAG). Bei oberirdischer Lagerung ist dies ab 2000 Liter Tankvolumen vorgeschrieben. Zwei Systeme sind verbreitet. Beim ersten ist eine Kontrollflüssigkeit in den Raum zwischen Hauptbehälter und Außenmantel eingefüllt. Über eine Leitung ist dieser Zwischenraum mit einem Kontrollgefäß verbunden. In diesem wird der Flüssigkeitsstand über einen Schwimmer oder eine Leitfähigkeits-Elektrode kontrolliert. Beim zweiten System wird die Luft aus dem Zwischenraum abgepumpt und der entstehende Unterdruck vom LAG überwacht.

Grenzwertgeber. Ab 1000 Liter Tankvolumen (ober- oder unterirdisch) ist zum Grundwasserschutz ein sogenannter **G**renz**w**ert**g**eber (= GWG) als Überfüllsicherung gesetzlich vorgeschrieben. Dieses fest in den Behälter eingebaute Gerät stoppt den Befüllungsvorgang bei maximal 97 % Behälterfüllung (95 % bei oberirdischer Lagerung). Da Tankwagen Füllleistungen von 500 bis 800 Liter pro Minute erreichen, kann es sonst bei fahrlässigem Verhalten oder technischen Problemen sehr schnell zu schwerwiegenden Ölunfällen kommen. Der Fahrer muss den Tankvorgang ständig kontrollieren. Der GWG ist über ein Kabel mit dem Tankwagen verbunden. Er besitzt einen elektrischen Widerstand, der sich erwärmt und dadurch einen Stromkreis freigibt. Taucht der Widerstand in Heizöl ein, kühlt er sich ab und unterbricht den Stromkreis, woraufhin sich das Absperrventil am Tankwagen schließt und die Ölzufuhr beendet.

Füllstand. Die einfachste Möglichkeit zur Ölstandsmessung ist eine Peilvorrichtung. Sie besteht aus einem Peilstab, der in ein Peilrohr eingeführt wird. Als Messergebnis erhält man eine Zentimeterangabe, die mithilfe einer zum Tank passenden Umrechnungstabelle in eine Literangabe umgerechnet werden kann. Viel einfacher ist die Ermittlung der Füllmenge über einen Schwimmer, der sich je nach Füllstand hebt und senkt, oder mit einer elektronischen Messvorrichtung. Da letztere keine beweglichen Teile besitzt, gilt sie als genau und sicher. Sie ist jedoch teuer.

Saugleitung. Die Leitung vom Tank zum Brenner bezeichnet man als Saugleitung. Das Ende der Saugleitung sollte einen Mindestabstand von 10 cm zum Tankboden aufweisen um dem Ansaugen von Wasser und Sedimenten vorzubeugen. Ein Ölfilter in der Saugleitung verhindert das Eindringen von Schmutz in die Pumpe. Die Ölpumpe des Brenners saugt beim sogenannten Zweistrangsystem mehr Heizöl an als tatsächlich verbrannt wird. Nicht benötigtes Heizöl fließt über die Rücklaufleitung zum Tank zurück. Dieses System ist nur noch bei einsehbar verlegten oberirdischen Leitungen zulässig. Erdverlegte Leitungen müssen doppelwandig ausgeführt sein und mit einem LAG überwacht werden. Beim Einstrangsystem müssen erdverlegte Leitungen in einem dichten, ölbeständigen und einsehbaren Schutzrohr verlegt werden. Es wird in diesem Fall nur soviel Heizöl gefördert, wie auch tatsächlich verbrannt wird. Dieses System ist mittlerweile bei kleinen und mittleren Anlagen Stand der Technik. Es ist nur eine Saugleitung zulässig. Die Anlage muss vor der Gefahr des „Aushebens“ geschützt sein.

Entlüftung / Belüftung. Die Entlüftungsleitung muss vom höchsten Punkt des Behälters ins Freie führen. Sie soll das Entstehen von Über- oder Unterdruck im Tank verhindern. Die Austrittsöffnung muss sich so weit oberhalb des Erdbodens befinden, dass kein Schnee oder Wasser über die Leitung in den Tank eindringt. Bei einer Verstopfung kann ein Unterdruck entstehen, durch den die Brennstoffzufuhr un-

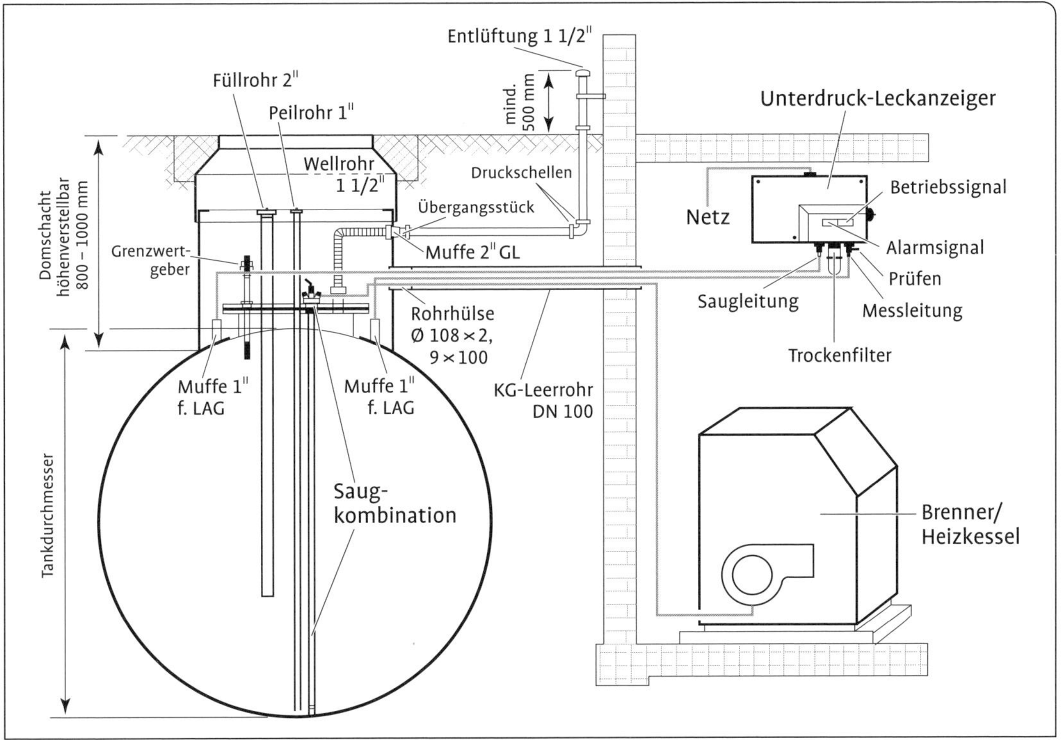

Abb. 51 Doppelwandiger Heizöltank (DIN 6608-D) mit Überdruckleckanzeiger (nach altmayer BTD GmbH & Co. KG, www.altmayerBTD.de).

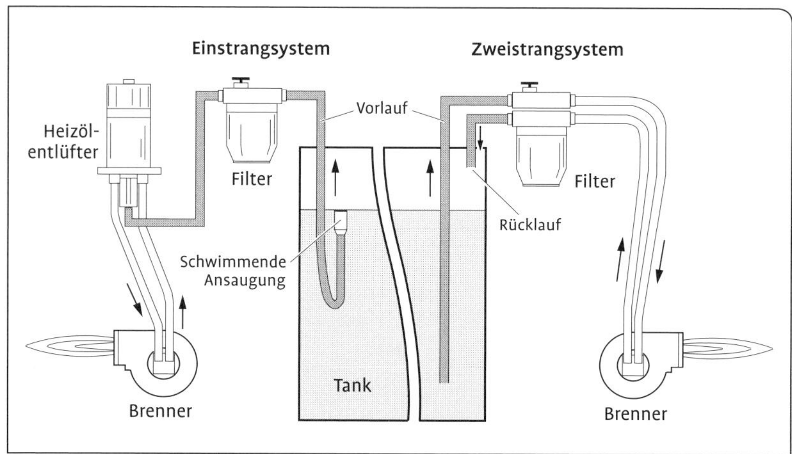

Abb. 52 Ein- und Zweistrangsystem (nach Institut für wirtschaftliche Oelheizung e.V. 2002).

Aushebern:
Darunter versteht man die Gefahr des Auslaufens von Öl während des Stillstandes des Brenner-/Ölförderaggregates durch den Schweredruck der Ölsäule in Ölleitungen. Das ist möglich, wenn der maximale Tankfüllstand oberhalb des tiefsten Punktes der Saugleitung liegt. Bei einer Undichtigkeit der Saugleitung kann dann der Tankinhalt unbeabsichtigt durch diese Leckage-Stelle auslaufen (aushebern).

terbrochen wird. Die Heizung geht dann auf Störung. Im schlimmsten Fall ist bei Überdruck das Bersten des Tanks möglich.

Korrosionsschutz. Unterirdische Tanks sind durch eine ausreichende Isolierung gegen Außenkorrosion zu schützen. Wasser, das sich aus dem Heizöl absetzt, oder Kondenswasser aus der Behälterluftfeuchte können eine Innenkorrosion verursachen. Das Einbringen einer Innenschutzhülle (z. B. Kunststofffolie) oder einer Innenbeschichtung aus Polyurethan oder Epoxidharz beugt diesen Erscheinungen vor. Verbreitet ist auch der sogenannte kathodische Korrosionsschutz. Mit diesem verfolgt man das Ziel, das Metall des Öltanks, das mit Wasser in Berührung kommt, vor Rost zu schützen. Man benötigt dafür ein unedleres Metall, z. B. Magnesium oder Zink (= Anode), das mit dem zu schützenden Metall elektrisch leitend verbunden ist. Die Anode nennt man auch Opferanode, da sie sich im Laufe der Zeit auflöst. Ähnlich funktioniert auch der Rostschutz durch das Verzinken von Stahl.

Heizöl S, Schweröl

Aufgrund seiner hohen Viskosität kann Schweröl in einwandigen Tanks gelagert werden. Schweröl muss auf etwa 60 °C erhitzt werden, damit es pumpfähig wird. Die Beheizung dieses Tanks erfolgt üblicherweise durch einen eigenen kleinen Kessel. Bei der Verbrennung von Schweröl entstehen erhebliche Mengen an SO_2, Staub und Stickoxiden. Durch entsprechende Filter und Harnstoffeindüsung in den Brennraum lassen sich diese Emissionen auf ein zulässiges Maß reduzieren. Wegen des hohen Aufwandes werden Schwerölkessel erst ab einer Leistung über etwa 4 bis 5 MW wirtschaftlich interessant.

12.2 Erdgas

Dieser Brennstoff entstand auf ähnliche Art wie Erdöl und wird auch häufig mit diesem zusammen gefunden. Hauptbestandteil von aufbereitetem Erdgas ist die Kohlenwasserstoffverbindung Methan (CH_4), Nebenbestandteile sind Ethan, Propan und Butan. Mit zunehmendem Methananteil steigt der Energiegehalt von Erdgas. Man unterscheidet Erdgas E (früher „H“ von englisch „high“ = hoch) mit einem höheren Methangehalt (87 bis 99 %) und Erdgas LL (früher „L“ von englisch „low“ = niedrig) mit einem geringeren Methangehalt (80 bis 87 %). Das ungiftige und farblose Gas ist leichter als Luft. Zur Verbrennung von 1 m³ Erdgas sind etwa 10 m³ Luft nötig. Aus Sicherheitsgründen enthält das von Natur aus meist geruchlose Gas einen Duftstoff, der für den typischen Gasgeruch verantwortlich ist. Dadurch ist eventuell austretendes Erdgas schneller wahrnehmbar. Ein großer Vorteil von Erdgas im Vergleich zu allen anderen fossilen Brennstoffen ist sein relativ geringer Kohlenstoffgehalt. Deshalb produziert die Erdgasfeuerung am wenigsten Kohlendioxid.

Gleichzeitig besitzt Erdgas den höchsten Wasserstoffgehalt (CH_4), was den größten Energiegewinn durch Kondensation ergibt. Daher ist Erdgas besonders gut zur Brennwertnutzung geeignet. Erdgas benötigt als leitungsgebundener Energieträger keinen Tank. Dies hat allerdings den Nachteil, dass keine Vorratshaltung möglich ist und der Energieträger nicht (wie bei Öl) eingekauft werden kann, wenn er am günstigsten ist.

12.3 Flüssiggas

Flüssiggas besteht aus Butan, Propan oder einem Propan-Butan-Gemisch und stammt aus der Erdölverarbeitung. Es ist zu nicht verwechseln mit Flüssigerdgas (LPG = Liquified Petroleum Gas) oder komprimiertem Erdgas (CNG = Compressed Natural Gas). Schon bei Raumtemperatur und geringem Überdruck (etwa 8 bar) verflüssigt es und besitzt dann nur noch etwa 1 / 260 seines ursprünglichen Volumens. Flüssiggase sind saubere Brennstoffe, die genauso eingesetzt werden wie Erdgas. Die Lagerung erfolgt in Tanks. Anders als bei Heizöl sind keine aufwendigen Maßnahmen zum Gewässerschutz nötig. Bei oberirdischer Aufstellung stellt eine Betonplatte für den Lagertank den einzigen baulichen Aufwand dar.

Propan: C_3H_8
Butan: C_4H_{10}

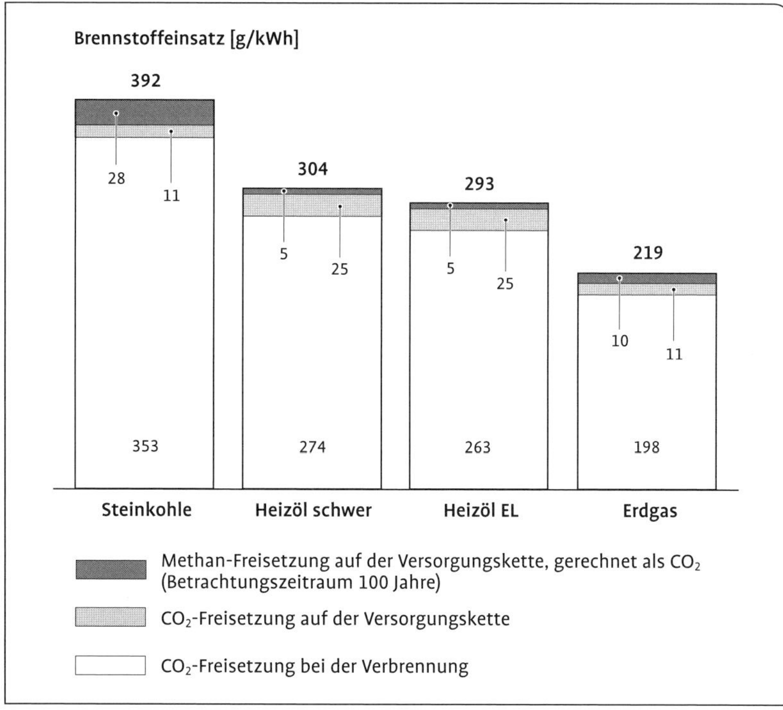

Abb. 53 Emissionen verschiedener Energieträger (nach www.erdgas.ch).

Tab. 31 Vergleich der Brennstoffe Heizöl EL und Erdgas

Heizöl EL (= extraleicht)	Erdgas
+ überall erhältlich + nicht explosiv + Lieferzeitpunkt (Preis!) und Händler können selbst bestimmt werden	+ keine Brennstofflagerung nötig + keine Kapitalbindung + saubere Verbrennung (kein Schwefel!) + geringer Wartungsaufwand + Abgase zur CO_2-Düngung nutzbar + Brennwerttechnik technisch einfach und lohnenswert (+ 11 %) + außer Trocknung und Reinigung keine weitere Aufbereitung nötig
– aufwendige Aufbereitung des Rohöles erforderlich (Raffinierung) – zusätzliche NO_x-Emissionen aufgrund des Stickstoffgehaltes – kohlenstoffreicher als Erdgas, deshalb höhere CO_2-Freisetzung bei der Verbrennung (+ 33 %) – Abgase enthalten Schwefel – unangenehm riechend – Tank wird benötigt – Tank und Leitungen müssen alle 5 Jahre überprüft werden (Wasserhaushaltsgesetz) – **bei Unfällen Boden- und Wasserverseuchung → 1 l Heizöl gefährdet 1 Mio. l Wasser**	– explosiv – hohe Anschlusskosten – langfristige Verträge mit Lieferanten – kompliziertere und teurere Technik – Versorgungsrisiko → Notheizung – nicht überall bestehen Anschlussmöglichkeiten

12.4 Kohle

Die gebräuchlichen Kohlearten unterscheiden sich durch ihren Heizwert, die Flammentemperatur und die Flammengröße. Bedeutsam ist außerdem die Korngröße. Gasflammkohle, Anthrazit und Koks stellen somit unterschiedliche Anforderungen an die Gestaltung des Brennraumes und damit auch an die Art des Kessels. Die Nutzung der verschiedenen Kohlearten hängt in erster Linie vom Wassergehalt, vom Kohlenstoffanteil und vom Gehalt an Mineralstoffen ab. Braun- und jüngere Steinkohlearten werden hauptsächlich verstromt. Aus Steinkohle gewinnt man wertvolle Chemierohstoffe. Ältere Steinkohlearten eignen sich zur Herstellung von Koks, der in erster Linie in der Stahlproduktion verwendet wird. Anthrazit setzt man schließlich zum Heizen ein. Das Verhältnis von Wasserstoff zu Kohlenstoff liegt bei Kohle bei etwa 1 : 1, bei Erdöl bei 2 : 1 und bei Erdgas bei 4 : 1. Daher entsteht bei der Verbrennung von Kohle prozentual mehr CO_2 als bei Öl oder Gas. Die zukünftige Nutzung der Kohle als Brennstoff hängt in Bezug auf den Klimaschutz entscheidend davon ab, ob es gelingt, das entstehende CO_2 abzutrennen oder zu speichern.

Lagerung

Kohle wird in Bunkern gelagert. Standard ist eine holzbeplankte Stahlkonstruktion, in der die Kohle durch die Schwerkraft zur Förderschnecke transportiert wird. Einfachere Konstruktionen, z. B. Seecontainer, haben den Nachteil, dass sie nicht vollständig entleert werden können. Ein Bunker sollte mindestens die Anliefermenge eines Lkws aufnehmen können. Bei der Beschickung wird die Kohle direkt abgekippt oder mittels Förderband oder Förderschnecke in den Bunker eingebracht. Die Entnahmeöffnung des Bunkers sollte einen Blechrahmen mit Schieber besitzen. Für Anthrazit- und Gasflammkohle sind in den gartenbauüblichen Leistungsklassen Schneckenförderer üblich. Koks gröberer Körnung lässt sich nur mit offenen Fördereinrichtungen (z. B. Bändern) transportieren. Im Rahmen des Liefervertrages sollte möglichst auch gleich die Entsorgung der anfallenden

Tab. 32 Zusammensetzung der Kohlearten (von Haenel 2011)

	Torf	Braunkohle	Steinkohle	Anthrazit
Kohlenstoff (% C)[1]	55	65 bis 73	80 bis 90	> 92
Wasserstoff (% H)[1]	10	8 bis 5	6 bis 4	< 3
Sauerstoff (% O)[1]	35	30 bis 15	10 bis 3	< 2
Wassergehalt (%)	–	63 bis 40	8 bis 1	< 1
Heizwert (kJ / kg)[2]	–	8400	29 300	35 600

[1] Stickstoff- und Schwefelgehalt: 0,5 bis 3,0 %, Mineralstoffgehalt: 5 bis 30 %, bezogen auf die Trockensubstanz
[2] zum Vergleich: Heizwert von Erdöl: 41 900 kJ / kg

Asche geklärt werden. Kohlefeuerungen weisen die höchsten Staub-, Schwefel- und CO_2-Emissionen auf. Zusätzlich zu den gängigen Multizyklonfiltern sind mit der 1. BimSchV 2010 (Bundesimmissionsschutzverordnung) aufwendigere Filterverfahren notwendig geworden. Kohlefeuerungen bedingen hohe Investitionskosten. Als Grundlastkessel in größeren Gartenbau-Betrieben sind sie aufgrund des niedrigen Brennstoffpreises wirtschaftlich.

12.5 Holz

Als Brennstoffe für Holzheizungen dienen Hackschnitzel oder Holzpellets.

Holz wird in automatisch beschickten Feuerungsanlagen in Form von Pellets oder Hackschnitzeln verbrannt. Die Verbrennung von Holz wird als CO_2-neutral betrachtet. Es entsteht außerdem wenig Schwefeldioxid. Problematisch sind allerdings der Feinstaubausstoß und die Kohlenmonoxidemissionen. Es gibt bereits Kesselhersteller, die in Anlagen bis 150 kW auch die Vorgaben der 1. BimSchV für 2010 und 2014 ohne größeren Filteraufwand einhalten können. Bei größeren Anlagen werden zusätzlich zu den derzeit üblichen Zyklonfiltern Elektrostatfilter (wie schon jetzt bei Anlagen über 1 MW) oder Gewebefilter erforderlich. Diese verteuern die Anlagen hauptsächlich wegen des hohen Wartungsaufwandes.

Hackschnitzel sind umso günstiger je höher der Wassergehalt in ihnen ist. Ob es sinnvoll ist, einen Großteil der Energie darauf zu verwenden, das Wasser aus dem Holz auszutreiben, um es verbrennen zu können, muss im Einzelfall geprüft werden. Brennwertanlagen befinden sich noch im Versuchsstadium. Bei kleineren Anlagen darf ein Wassergehalt von W30 (Wassergehalt 30 %) nicht überschritten werden, da die übliche Anlagentechnologie dafür nicht ausgelegt ist. Bei der Brennstoffbeschaffung ist zu prüfen, ob eine Lagerung auf vorhandenen (überdachten) Flächen oder in im Sommer ungenutzten Gewächshäusern möglich ist. Ein Einkauf von Hackschnitzeln im Frühjahr ist preisgünstiger. Die Ausbringung erfolgt über Schubboden und Hydraulikschieber oder durch ein Federkern-Rührwerk mit Förderschnecke (bzw. in kombinierten Anlagen). Ein Schüttraummeter Hackschnitzel hat etwa den Energieinhalt von 100 Liter Heizöl.

Holzpellets sind Presslinge aus Holzspänen. Das beim Pressen austretende Lignin bindet die Späne zusammen. Der Heizwert je kg ist etwa halb so groß wie der von Öl. Der Energieinhalt pro Kubikmeter entspricht etwa dem 0,3-Fachen von Heizöl. Pellets können vom Tanklaster in den Lagerraum eingeblasen werden. Die Förderung zum Kessel erfolgt über Schnecken oder Gebläse.

Holzheizungen bedingen hohe Investitionskosten. Als Grundlastkessel in größeren Gartenbaubetrieben sind sie derzeit vor allem aufgrund des immer noch niedrigen Hackschnitzelpreises wirtschaftlich. Der Pelletpreis ist bei einer Wirtschaftlichkeitsberechnung genau zu prüfen. Er muss mit langfristigen Lieferverträgen abgesichert sein.

13 Heizungsregelung

13.1 Funktion

Heizungsanlagen in Gartenbaubetrieben unterscheiden sich deutlich von Heizungsanlagen in Wohngebäuden. Typisch ist ein großes Wasservolumen, welches zu langsamen Reaktionen bei plötzlich auftretenden Bedarfsänderungen führt. Auch ist die Wärmespeicherkapazität der Gewächshauskonstruktion deutlich geringer als die eines Wohnhauses. Die meist nur etwa 4 mm starke Glasbedachung sowie viele Gewächshausbauteile mit zum Teil hoher Wärmeleitfähigkeit (Stahlrinnen, Aluminiumsprossen usw.) führen zu sehr schnellen Temperaturänderungen im Haus, wenn sich die Witterung ändert. Daher haben Außentemperatur, Regen, Schnee und Wind einen großen Einfluss auf den Heizenergiebedarf. Baulich bedingt weist jedes Gewächshaus eine relativ hohe Undichtigkeit auf. Der Treibhauseffekt hat ebenfalls großen Einfluss auf den Heizenergiebedarf. Durch ihn muss selbst im Winter bei niedrigen Außentemperaturen nicht oder nur wenig geheizt werden, solange die Sonne scheint. Nach dem Sonnenuntergang wird dann jedoch sehr schnell die volle Heizleistung benötigt. Umwälzpumpen laufen an, Ventile und Mischer öffnen sich und große Mengen stark abgekühlten Rücklaufwassers fließen zum Kessel zurück. Es müssen geeignete Maßnahmen getroffen werden, um den Kessel vor Kondensation zu schützen.

13.2 Stellglieder (Ventile, Mischer)

Die Heizungsregelung soll die Vorlauftemperatur automatisch an den sich im Tagesverlauf ändernden Wärmebedarf des Gewächshauses anpassen. Rohrheizungssysteme reagieren auf Bedarfsänderungen nur sehr langsam. Um Energie zu sparen, muss eine Anpassung daher möglichst früh erfolgen. Dies geschieht mit Hilfe automatisch arbeitender Stelleinrichtungen (= Stellglieder). Außerdem soll die Rücklauftemperatur überwacht und gegebenenfalls automatisch angehoben werden, um Kesselkorrosion zu vermeiden.

Als Stellglieder in Mischgruppen werden **Mischer**, **Regelkugelhähne** und **Ventile** verwendet. Mithilfe eines 3-Wege-Mischers kann die Heizungsvorlauftemperatur verändert werden, während die Rücklauftemperatur gleich bleibt. Beim 4-Wege-Mischventil wird gleichzeitig auch die Rücklauftemperatur beeinflusst, die zum Beispiel durch Beimischung von Vorlaufwasser angehoben werden kann.

Mischer sind die preisgünstigsten Armaturen. Im Vergleich zu Ventilen und Regelkugelhähnen haben sie allerdings den Nachteil, dass sie nicht dicht abschließen. So lässt zum Beispiel ein (3-Wege-)Mi-

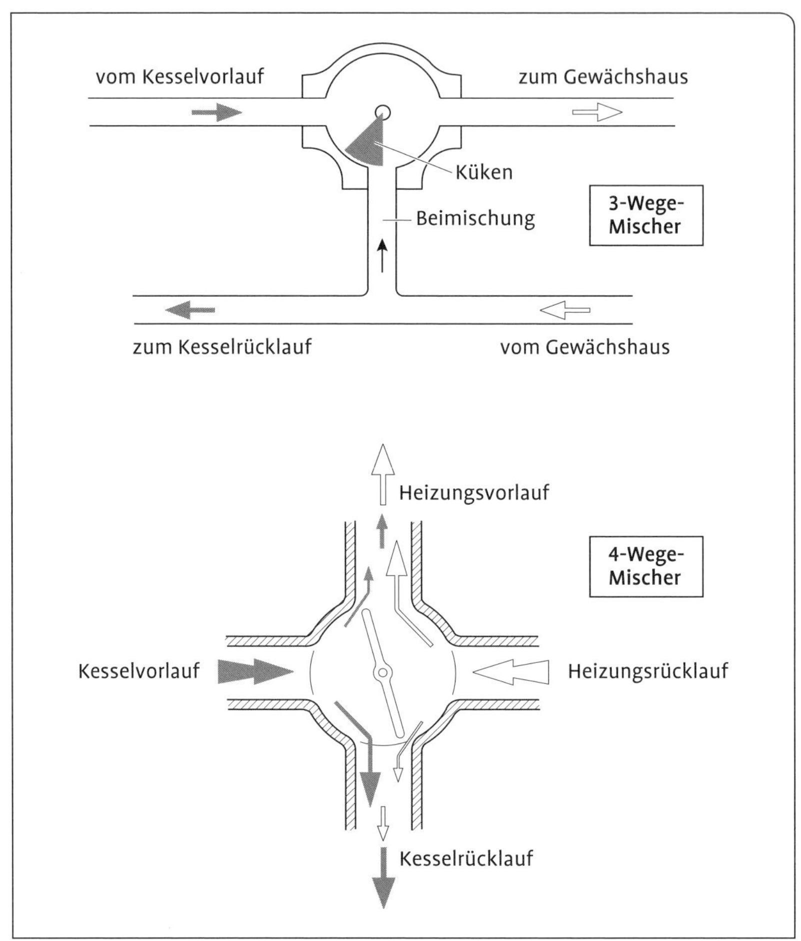

Abb. 54 3- und 4-Wege-Mischer (nach DIETRICH 2011 (oben) und TANTAU 1983 (unten).

scher, der nach einer Zubringerpumpe angeordnet ist, auch in geschlossenem Zustand warmes Wasser passieren. Dadurch kommt es zu einer ungewollten Fehlzirkulation und zu einer Erwärmung der Heizflächen, obwohl die Regelung das in diesem Moment gar nicht verlangt.

Wenn im Vorlauf einer Mischgruppe ein Ventil und im Rücklauf ein dicht schließendes Rückschlagventil angeordnet sind, kann bei geschlossenem Ventil kein Ausgleich des Wasservolumens im Heizkreis erfolgen. Dieser Ausgleich ist bei Änderungen der Heizwassertemperatur nötig, da warmes Wasser sich bekanntlich ausdehnt und kaltes sich zusammenzieht. Erfolgt kein Ausgleich, kann dies im Extremfall zur Zerstörung der Heizflächen führen (z. B. Explosion eines „Heizkörpers“). Mit Hilfe eines Rückschlagventils mit „Loch“ (diese spezielle Bauart weist im Ventilteller ein kleines Loch auf) kann dieser Erscheinung vorgebeugt werden. Grundsätzlich müssen in großen

Mischgruppen aber fast immer Rückschlagventile eingesetzt werden, um Fehlzirkulationen und damit Wärmeverluste zu vermeiden.

Mischer sind das billigste Regelelement mit dem schlechtesten Regelverhalten. Außerdem sind sie nicht dicht. Regelkugelhähne dagegen sind dicht und zeigen eine gute Regelcharakteristik. Es gibt sie bis 2“ Durchmesser. Bei größeren Dimensionen werden als teuerste und beste Lösung Ventile eingesetzt.

Um eine störungsfreie Wasserströmung in den Heizungsrohren zu gewährleisten, muss die Luft zuverlässig aus der Anlage entfernt werden. Ein zentraler (Hand-)Entlüfter ist dafür nicht ausreichend. An allen „höher gelegenen“ Stellen der Heizungsanlage muss eine Entlüftungsvorrichtung vorhanden sein. Optimal sind Lufttöpfe in Verbindung mit automatischen Entlüftern. Auch eine pumpengesteuerte Ausdehnungsanlage mit automatischer Entgasung ist gut wirksam.

13.3 Kesselregelung

Standardmäßig bieten viele Heizkessel-Hersteller eine „außentemperaturabhängige Regelung“ an. Diese Regelart erfasst die bereits erwähnten Besonderheiten der Gewächshausbeheizung allerdings nicht und ist daher nur sehr bedingt geeignet. Wenn kein Klimacomputer zur Kesselregelung eingesetzt wird, sollten Heizkessel mit einer Leistung über 100 kW konstant (mit etwa 80 °C Kesselwassertemperatur) betrieben werden. Den Kesselschutz sichert eine Rücklaufbeimischpumpe, die zumindest im Winter im Dauerbetrieb läuft. Dies ist energetisch betrachtet keine optimale Lösung, bietet jedoch die größte Betriebssicherheit und Zuverlässigkeit. Bei Einsatz eines Klimacomputers wird die Konstantregelung des Kessels „übersteuert“, das heißt, die standardmäßige Kesselregelung dient nur noch der Sicher-

Ventil

Mit einem Ventil lässt sich die Bewegung des Heizungswassers steuern. Meist übernimmt das Ventil dabei eine Absperrfunktion. Es besteht aus einem Sperrkörper, der mit Hilfe einer Gewindespindel gehoben oder gesenkt werden kann und gegen Dichtflächen am sogenannten Ventilsitz läuft. Dadurch schließt das Ventil sehr dicht.

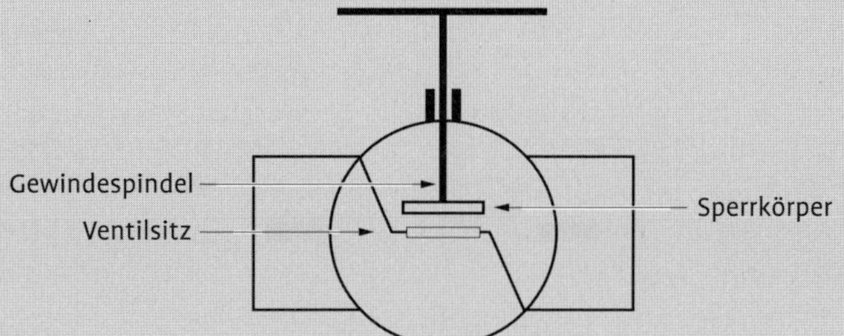

Gewindespindel
Ventilsitz
Sperrkörper

Abb. 55 Ventil (vereinfacht nach RECKNAGEL et al. 1988/89).

Abb. 56
Regelkugelhahn.

Regelkugelhahn
Mit dem motorisierten Regelkugelhahn gibt es eine vollwertige, kostengünstige Alternative zu Hubventilen gleicher Nennweite. Eine Regelblende macht ihn zum vollwertigen Regelorgan mit gleichprozentiger Ventilkennlinie in Heizungsanlagen.

heit, während die Kesselwassertemperatur entsprechend der Ansteuerung des Klimacomputers „gleitet“. Dieser misst zur Regelung die Außentemperatur, die Vorlauftemperatur, die Rücklauftemperatur und die Raumtemperaturen in den Gewächshäusern. Der Rechner berücksichtigt Helligkeit, Sonnenauf- und untergangszeiten sowie die Witterungsverläufe der vergangenen Jahre. Die Regelparameter sind auf die geringe Speicherkapazität der Gewächshäuser und die Trägheit der eingebauten Heizsysteme abgestimmt. Zum Schutz des Kessels wird die Beimischpumpe bei Bedarf ein- und ausgeschaltet und ein Dreiwegeventil im Rücklauf so angesteuert, dass der Wasserstrom durch den Kessel verringert wird. Gegebenenfalls werden große Verbraucher zurückgefahren.

13.4 Heizungsregelung in Gewächshäusern

13.4.1 Unstetige und stetige Regelung

Bei der Heizungsregelung unterscheidet man die unstetige und die stetige Regelung. Eine unstetige Regelung erfolgt mit Hilfe eines sogenannten Zweipunktreglers. Dieser einfachste Reglertyp kennt nur zwei Zustände: „An“ und „Aus“ und wird dann genutzt, wenn der Sollwert nicht ganz genau eingehalten werden muss, oder, wenn die Regelung möglichst einfach gehalten werden soll.

Beispiel: Um die Wassertemperatur im Kesselkreislauf konstant zu halten, arbeitet man mit der Zweipunktregelung, da es viel einfacher ist, den Brenner ein- und wieder auszuschalten, als die Brennstoffzufuhr genau zu dosieren und weil es unproblematisch ist, wenn die Wassertemperatur um einige Grad schwankt. Deshalb wird um den Sollwert herum ein Bereich (Minimal- / Maximalwert) definiert, um den diese schwanken darf und erst, wenn der IST-Wert diesen Bereich über- oder unterschreitet, reagiert die Regelung. Die Arbeit des Zweipunktreglers kann durch eine außentemperaturabhängige Vorregelung verbessert werden.

Wesentlich genauer arbeiten dagegen stetige Regler in Verbindung mit 3- oder 4-Wege-Mischern, die eine stufenlose Regelung (von 0 bis

100 %) erlauben. Man unterscheidet nach dem unterschiedlichen Ansprechverhalten Proportional-Regler (P-Regler), Integral-Regler (I-Regler), Proportional-Integral-Regler (PI-Regler), Proportional-Differential-Regler (PD-Regler) und Proportional-Integral-Differential-Regler (PID-Regler).

13.4.2 Analoge und digitale Regelgeräte

Analoge Regelgeräte

Analoge Regelgeräte können die Gewächshaustemperatur nur statisch regeln, ohne wesentlich Einfluss auf die Kulturführung zu nehmen. Mit ihnen sind folgende Regelungsarten möglich:
- Konstanttemperaturregelung,
- Tag- / Nachttemperaturregelung und
- lichtabhängige Tag- / Nachttemperaturregelung.

Digitale Regelgeräte

Mit dem Klimacomputer lassen sich verhältnismäßig preiswert alle erforderlichen Regel- und Steuerfunktionen, z. B. Heizen, Lüften, Schattieren, Verdunkeln, Belichten, Bewässern, Düngen und CO_2-Anreicherung, bewältigen. Moderne Regelcomputer reagieren auf veränderte Witterungsbedingungen früher, wenn noch andere Klimafaktoren erfasst und entsprechend verrechnet werden. Bei dieser dynamischen Regelstrategie passt man den Heizenergiebedarf an außenklimatische Bedingungen und an das Wachstumsverhalten der Pflanzen an. Dabei können die Temperaturen im Gewächshaus stark variieren. Durch diese Regelstrategie ist es möglich, Energie einzusparen, die Qualität der Kulturen zu verbessern und den Aufwand an chemischem Mitteln (Wachstumsregulatoren, Pflanzenschutzmittel) zu verringern.

13.4.3 Regelstrategien

Folgende Regelstrategien können mit einem Klimacomputer gefahren werden und senken den Energieverbrauch:
- Spezifische Tag- / Nachtabsenkung: Die Heiztemperatur in der Nacht kann dabei auch über der Tagestemperatur liegen.
- Regelung der Ringleitung nach Außentemperatur und Licht sowie Sonnenauf- und -untergangszeiten.
- Temperatursummenregelung (Integrale Regelung): Hierbei muss innerhalb eines gewissen Zeitraums (z. B. ein bis zwei Tage) eine vorher bestimmte Wärmemenge zugeführt werden. Es ist nicht nötig, dass eine konstante Temperatur herrscht.
- Strahlungsabhängige Regelung: Die Nachttemperatur hängt von der Strahlungssumme oder Lichtmenge am Tag ab. Mit abnehmender Einstrahlung wird die Durchschnittstemperatur automatisch abgesenkt. Mit einer niedrigen Nachttemperatur soll verhindert werden, dass die Pflanzen zu viele Assimilate veratmen. Dadurch

zeigen sie auch bei geringen Lichtmengen noch einen Wachstumszuwachs.
- Windabhängige Regelung: Die Heiztemperatur wird bei hoher Windgeschwindigkeit gesenkt. Diese Regelstrategie ist besonders günstig bei schlecht isolierten Gewächshäusern in windexponierten Lagen.
- Lichtabhängige Temperaturführung: Hierbei wird die Raumtemperatur den jeweiligen Einstrahlungsbedingungen angepasst.
- Cool Morning (Drop): Die Raumtemperatur wird bei Sonnenaufgang abgesenkt.
- Warm Evening: Die Lüftung wird am Abend früher geschlossen, um mehr Sonnenenergie speichern zu können.
- Diff: Berücksichtigung der Tagesmitteltemperatur und der Temperaturdifferenz zwischen Tag- und Nachttemperatur.
- Pillnitz: Regelung unter Berücksichtigung der durchschnittlichen Witterungsverläufe der letzten Jahre am Anlagenstandort.

Einige dieser Strategien ermöglichen Einsparungen von bis zu 30 % des Wärmebedarfs.

Messfühler
Für alle Regelungsarten ist es wichtig, dass die Messfühler richtig funktionieren und an der richtigen Stelle positioniert sind. Regelmäßige Wartung und Kalibrierung sollten selbstverständlich sein. Ventilierte Messfühler (bei denen der Fühler durch einen Ventilator angeströmt wird) sind zu bevorzugen. Bei Gewächshäusern mit Gefälle ergeben sich große Temperaturunterschiede zwischen „unten und oben". (Produktionsgewächshäuser weisen alle ein Gefälle zwischen 0,5 und 1,0 % auf. Das komplette Haus wird „gekippt" aufgestellt.) Der vertikalen Temperaturverteilung muss vor allem bei neuen, hohen Häusern Rechnung getragen werden. Es ergeben sich völlig unterschiedliche Temperaturen, wenn im Pflanzenbestand, in Augenhöhe oder unter dem Energieschirm gemessen wird. Selbst die Windexposition sollte bei der Platzierung der Messfühler berücksichtigt werden.

13.5 Regelung mittels Umwälzpumpen
Die Pumpenheizung ist Standard bei modernen Heizungsanlagen. Eine elektrisch angetriebene Umwälzpumpe transportiert das Heizungswasser vom Heizkessel zu den Heizflächen im Gewächshaus und wieder zurück. Moderne Systeme weisen einen hohen Wirkungsgrad auf. Bei Heizsystemen mit veränderlichen Durchflüssen werden elektronisch geregelte Pumpen eingesetzt. Diese ermöglichen eine Anpassung der Fördermenge (des Förderdruckes) an den Bedarf und bieten damit ein erhebliches Potential zur Reduzierung des Strombe-

darfs. Elektronische Pumpen bieten sich bei der Gewächshausbeheizung vornehmlich als Ringleitungs- und Zuleitungspumpen an. Wenn möglich, sollten Hocheffizienzpumpen mit Permanentmagnetmotor eingesetzt werden. Diese Pumpen sind teurer als Standardpumpen, amortisieren sich aber aufgrund des deutlich geringeren Strombedarfs in zwei bis fünf Jahren. Für die klassischen Heizungssysteme Ober- und Unterheizung lohnen sich normale elektronisch geregelte Pumpen nicht oder nur bedingt, da sich der Volumenstrom im Heizkreis nicht ändert und der Hauptvorteil dieser Pumpenart somit nicht genutzt werden kann.

13.6 Wärme- und Brennstoffbedarfsberechnung und Dimensionierung des Heizungssystems

Anhand eines Beispiels soll der komplette Ablauf der Heizungsauslegung auf einfache und für den Praktiker nachvollziehbare Weise erläutert werden. Es werden dabei viele Vereinfachungen vorgenommen, die in der Praxis jedoch zu keinen großen Abweichungen vom exakten Ergebnis führen.

Voraussetzungen:

- Gewächshaus mit 1000 m² Grundfläche (L × B × Rinnenhöhe = 50 × 20 × 4 m)
- Dachflächen: Einfachglas
- Stehwände und Giebelflächen: Stegdoppelplatten
- Auslegungstemperatur: 18 °C
- Heizungssystem: Ober- und Unterheizung

Wärmebedarf

Tabelle 33 listet die wichtigsten Kennwerte für den Wärmestromdurchgang gebräuchlicher Eindeckungsmaterialien auf. Die U-Werte sind für die Berechnung von Gewächshäusern modifiziert und beinhalten den „Lüftungswärmebedarf“. Der Wärmedurchgang durch Sockel, Rinnen und Boden wird vernachlässigt. Wenn keine Normaußentemperaturen für den Standort bekannt sind, rechnet man mit −14 °C.

Tab. 33 Wärmedurchgangskoeffizienten (früher k-Wert, heute U-Wert)

Material	U-Wert [W/(m²K)]
Einfachglas, Einfachfolie	6,5
Stegdoppelplatte, aufblasbare Doppelfolie	3,2
Isolierglas, Zweifachverglasung, Noppenfolie	3,8
Betonmauerwerk und Sandwichelemente (60 mm)	1,5

(Werte für eine Windgeschwindigkeit von 2,00 m/s und für trockene Scheiben. Bei nassen Scheiben (innen und außen) kann der U-Wert bis auf 50 W/(m²K) ansteigen.)

Wärmedurchgangskoeffizient (früher k-Wert, heute U-Wert)
Das Maß der Wärmemenge, die durch ein Bauteil von 1 m² Fläche in Abhängigkeit von der Zeit und dem Temperaturunterschied von der warmen zur kalten Seite abfließt, bezeichnet man als Wärmedurchgangskoeffizient. Die Einheit des Wärmedurchgangskoeffizienten ist W/(m²K).

Rechenweg:

Gesamtwärmebedarf = Oberfläche × U-Wert × (Temperaturdifferenz Innen / Außen)

bezogen auf unser Beispiel:
Dachfläche: 1000 m² / 0,9 (0,9 für Dachneigung) = 1111 m²
1111 m² × 6,5 W/(m²K) × 32 K = 231 088 W = 231 kW (Nachkomma vernachlässigt)

Stehwand- und Giebelflächen: (20 × 2 + 50 × 2) × 4 = 560 m² (Giebeldreiecke vernachlässigt)
560 m² × 3,2 W/(m²K) × 32 K = 57 344 W = 57 kW

Um den Gesamtwärmebedarf zu erhalten, wird diese Rechnung für alle Flächen wiederholt, die Ergebnisse werden dann addiert. Wenn ein dicht schließender Energieschirm vorhanden ist, kann vom Wärmebedarf des Daches 25 % abgezogen werden.

Gesamtwärmebedarf unter Berücksichtigung des Energieschirms:
Wärmebedarf = 0,75 × 231 kW + 57 kW = 230 kW

Brennstoffbedarf
Bei Kaltkulturen (etwa 5 °C Raumtemperatur) rechnet man mit 1000 Volllaststunden und bei Warmkulturen (etwa 18 °C Raumtemperatur) mit 1200 Volllaststunden pro Jahr. Daraus ermittelt man den Brennstoffbedarf folgendermaßen:

Brennstoffbedarf = Wärmebedarf × Volllaststunden,
Brennstoffbedarf = 230 kW × 1200 h = 276 000 kWh.

Unser Gewächshaus wird mit Öl beheizt. Um den jährlichen Brennstoffbedarf zu ermitteln, muss der Heizwert berücksichtigt werden. Heizöl hat einen Heizwert von 10 kWh / l. Daraus ergibt sich ein Jahresbrennstoffbedarf von:

276 000 kWh / 10 kWh / l = 27 600 l.

Ein Öltank von 30 000 Liter Fassungsvermögen würde in unserem Beispiel ausreichen, um den Jahresbedarf aufzunehmen. Da ein Tanklastzug etwa 30 000 Liter Heizöl fasst, kann bei dieser Tankgröße ein kompletter Tanklaster abgenommen werden. Existiert nur ein 15 000-Liter-Tank, muss zweimal im Jahr Heizöl beschafft werden.

Heizflächenauslegung
Die Wärmeabgabe (Wab) einer Rohrheizung pro Meter bei einer mittleren Rohrtemperatur von 80 °C (90 / 70 °C) und einem Heizungsrohr-Durchmesser von 60 mm errechnet sich folgendermaßen:

Wab [W / m] = 196 – 2 × Raumtemperatur.

> Die oben angegebene Formel gilt nur bei einem Rohrdurchmesser von 60 mm und einer mittleren Temperatur von 80 °C. Es handelt sich um eine empirische Formel. Bei einer anderen Heizungsauslegung müssen weitere Parameter berücksichtigt werden.

Beispiel: Wab = 196 – 2 × 18 = 160 W / m = 0,160 kW / m

Daraus kann die nötige Rohrlänge ermittelt werden. Es gilt:

Rohrlänge = Wärmebedarf / Wab.

Beispiel: Rohrlänge = 230 kW/(0,160 kW / m) = 1437 m

Unser Gewächshaus besitzt eine Untertischheizung mit zwei Rohren pro Tisch. Die Tische haben die Maße: 10 × 2 m. Bei 24 Tischen (Wege vernachlässigt) werden unter den Tischen 480 m Rohr verlegt (24 Tische × 2 Rohre × 10 m).

Die Untertischheizung benötigt eine Zuleitung, also zwei Rohre einmal rund um das Gewächshaus. Die Zuleitungslänge beträgt dann = 280 m [((20 × 2) + (50 × 2)) × 2]. Die noch fehlende Rohrlänge wird durch den Einbau einer Oberheizung abgedeckt:

Rohrlänge Oberheizung = 1437 m – 480 m – 280 m = 677 m.

Da das Gewächshaus eine Länge von 50 m aufweist, müssen 13,5 Stränge Oberheizung eingebaut werden (677 m / 50 m = 13,5 Stränge). In der Praxis wird dieser Wert auf 13 Stränge abgerundet.

Die Wärmeabgabe eines Rohres wird durch den Rohrdurchmesser und die mittlere Rohrtemperatur beeinflusst. Bei Verwendung von

Rohren mit einem Durchmesser von 51 statt 60 mm verringert sich die Wärmeabgabe um 15 %. Beträgt die mittlere Rohrtemperatur nur 60 °C (70 / 50 °C) im Vergleich zu 80 °C (90 / 70 °C), gibt das Rohr nur noch 60 % der Leistung ab.

Dimensionierung

Bei Rohrheizungen wird bei der Mischgruppenauslegung von einer Spreizung (= Temperaturunterschied zwischen Vor- und Rücklauf) kleiner 20 K ausgegangen. Damit fließt das Wasser schneller in den Leitungen und die Regelträgheit wird etwas verringert. Tabelle 34 zeigt die sich unter dieser Vorraussetzung ergebenden Mischgruppendimensionen bei unterschiedlichem Wärmebedarf.

Mit Hilfe des errechneten Massestroms und eines geschätzten Druckverlustes kann die Pumpengröße bestimmt werden. Vom Wärmebedarf hängt die zu wählende Nennweite der Mischgruppe ab (siehe Tab. 34). Diese Nennweite bestimmt auch die Größe der Kugelhähne oder der Schieber. Moderne Pumpen werden eine Dimension kleiner gewählt. Der Regelkugelhahn hat jeweils dieselbe Dimension wie die Pumpe (Beispiel: Wärmebedarf 130 kW → Kugelhahn DN 50, Pumpe DN 40, Regelkugelhahn DN 40, Zuleitung zum Haus DN 50). Die „Ventilautorität" des Regelelementes bestimmt dabei die Regelgüte.

Heizungswasserfluss in Leitungen

Der Massestrom (= Heizungswasserfluss in den Leitungen) hängt nach folgender Formel mit der Wärmeleistung, der spezifischen Wärmekapazität und der Temperaturdifferenz (= Spreizung) zusammen:

Wärmeleistung [kW] = Massestrom [m³ / h] × spezifische Wärmekapazität [1,16] × Temperaturdifferenz [k].

Wird bei gleicher Wärmeleistung die Temperaturdifferenz erhöht, kann der Massestrom geringer werden und anders herum.

Tab. 34 Mischgruppendimensionen

Wärmebedarf	Mischgruppen-Nennweiten
bis 20 kW	DN 25 (1")
bis 50 kW	DN 32 (5 / 4")
bis 70 kW	DN 40 (1 1 / 2")
bis 130 kW	DN 50 (2")
bis 300 kW	DN 65
bis 500 kW	DN 80
bis 800 kW	DN 100

Sie muss der Heizfläche angepasst werden. Erfahrungsgemäß wird daher das Ventil so groß wie die Pumpe oder sogar eine Dimension kleiner gewählt.

Diese Dimensionierung gilt näherungsweise auch für Zu- und Ringleitungen. Da die Pumpenwirkungsgrade und damit die Leistungen immer besser wurden, kann die Pumpe der Mischgruppe oftmals eine Dimension kleiner gewählt werden. Pumpen und alle anderen Armaturen in Heizungsanlagen werden entsprechend Ihrer Größe in „Nennweiten“ oder „Dimensionen“ eingeteilt (siehe Tab. 35).

Bei Heizsystemen mit geringerem Wasserinhalt (Luftheizung, Heizkörperheizung) kann eine Spreizung von 20 K gewählt werden. Die Mischgruppen können also größere als die oben angegebenen Wärmemengen transportieren. Bei pflanzennahen Heizflächen (Vegetationsheizung, Heb- und senkbare Heizung oder Fußbodenheizung) sollte eine Spreizung von 10 oder sogar 5 K gewählt werden. Die Mischgruppen müssen also bezogen auf die Leistung entsprechend noch größer werden.

Kesselgröße

Bei modernen, gleitend betriebenen Heizkesseln kann der Kessel auch größer als nötig dimensioniert werden (z. B. 20 % über Wärmebedarf). Diese Kessel haben sogar im Teillastbetrieb einen höheren Wirkungsgrad. Ist eine Zweikesselanlage geplant, muss jeder der Kessel allein in der Lage sein, die Gesamtanlage frostfrei zu heizen. Beide Kessel werden dann für eine Leistung von etwa 60 % des Gesamtwärmebedarfes ausgelegt.

Tab. 35 Rohrdimensionen (Zoll – Durchmesser – Nennweite)

Zoll	Ø [mm]	Nennweite DN
3/8"	18	10
1/2"	21	15
3/4"	27	20
1"	33	25
5/4"	42	32
1 1/2"	48	40
2"	60	50
2 1/2"	76	65
3"	89	80
4"	108	100
5"	133	125

In unserem Beispiel müsste dann der Kessel einer Einkesselanlage etwa 230 bis 270 kW (Wärmebedarf ohne Wärmeschirm: 270 kW, mit Wärmeschirm: 230 kW) und die Kessel einer Zweikesselanlage je 140 kW Leistung erbringen.

14 Senkung der Heizkosten (Isolierung / Wärmedämmung)

Der Zustand der Gewächshaushülle (Eindeckmaterial, Lüftungsklappen, Türen, Stehwände, Fundamente usw.) hat entscheidenden Einfluss auf die Höhe der Heizkosten.

14.1 Abdichten

Ein erheblicher Teil der Wärme geht über einen ungewollten Luftwechsel verloren. Ursache dafür können abgerutschte oder gebrochene Scheiben, undichte Verkittungen sowie schlecht schließende Lüftungsklappen, Türen und Tore sein. Wärmeverluste bis zu 30 % und mehr sind möglich. Abdichtungsmaßnahmen kommt daher eine große Bedeutung zu. Bestehen beispielsweise unterschiedlich große Abstände zwischen Lüftungspfette und Lüftungsflügel können diese durch Noppenfoliestreifen abgedichtet werden. Allerdings ist es dann nicht mehr möglich, die Lüftung im Winter zu öffnen. Durch Befestigung der Noppenfolie mit Hilfe spezieller Halterungen kann dieses Problem umgangen werden. Beschädigte oder verrutschte Scheiben sollten natürlich rechtzeitig vor Beginn der kalten Jahreszeit repariert werden.

14.2 Zeitweilige Isolierung

Die Isolierung der Giebel- und Stehwände durch das Anbringen von Noppenfolie über den Winter mit Spezialhalterungen oder Klemmprofilen (in der Regel von außen) senkt den Energieverbrauch bezogen auf die isolierte Fläche um etwa 40 %, bezogen auf die Gesamtfläche um etwa 8 %. Günstig ist dabei die Möglichkeit, undichte Lüftungsklappen mit abzudichten. Die Kosten dieser Maßnahme liegen bei 3 bis 5 €/ m². Der untere Teil der Stehwände lässt sich mit speziellen Polystyrolplatten wirksam abdichten. Bei Tischkulturen ist dies fast ohne Lichtverluste bis zu einer Höhe von etwa einem Meter möglich. Die Polystyrolplatten müssen wasserdampfundurchlässig sein, sonst saugen sie sich im Laufe der Zeit mit Wasser voll und verlieren ihre Isolierwirkung vollständig. Zur Vermeidung von Spalten sollten die Platten mit speziellen Klebern seitlich verklebt werden.

14.3 Ständige Wärmedämmung

Die größte Einsparung an Heizenergie kann durch die Wahl des Bedachungsmaterials erreicht werden.

Das Bedachungsmaterial hat den größten Einfluss auf den Heizenergieverbrauch. Maßnahmen zur Wärmedämmung spielen daher eine wichtige Rolle. Experten raten, dass das Bedachungsmaterial bei Warmhäusern künftig einen U-Wert von maximal 3 W/(m²K) aufweisen soll. Beim zurzeit überwiegend eingesetzten Gartenfloat-Glas liegt der U-Wert bei 5,6 W/(m²K) bei einer Mindesttransparenz von 89 % im sichtbaren Bereich. Der U-Wert eines Folienhauses, welches mit einer Doppelfolie aus PE eingedeckt ist, bewegt sich in einer Größenordnung von 3,5 W/(m²K). Je nach Folienqualität beträgt die Transparenz 67 bis 84 % bei trockener Folienoberfläche und kann bei Kondenswasserbildung an der Folieninnenseite um bis zu 20 % sinken. Daraus wird deutlich, dass alle Isoliermaßnahmen einen ungünstigen Einfluss auf die Lichtdurchlässigkeit des Gewächshauses haben. Deswegen beschränken sich Isoliermaßnahmen häufig auf den Stehwand- und Giebelbereich. In der Regel bleiben die Dachflächen zumindest tagsüber frei. Nachts ermöglicht der Einsatz dicht schließender Energieschirme, die auch zum Schattieren geeignet sein können, eine Energieeinsparung von 25 bis 35 %. Werden die Giebel- und Stehwände mit Spezialglas HortiPlus (= Agriplus), Doppelverglasung, Stegdoppelplatten, Doppelfolie oder Isolierverglasung eingedeckt, ist eine Energieeinsparung von 19 bis 45 % (siehe Tab. 36) bezogen auf die isolierte Fläche möglich. Die Kosten liegen bei 5 bis 25 € / m².

Gut isolierte Gewächshäuser sind dichter. Dadurch steigt die relative Luftfeuchte an, was zu einem höheren Pilzbefall führen kann. Auch die Transpiration und die Nährstoffaufnahme der Pflanzen sind gehemmt. In einem dichten Gewächshaus ist der CO_2-Gehalt ebenfalls verringert, da die Pflanzen CO_2 für die Fotosynthese aufnehmen und durch den verringerten Luftaustausch weniger CO_2 nachgeliefert wird.

Tab. 36 Einsparungsmöglichkeiten (Energieagentur NRW 2011)

Platz-Nr.	Art der Einsparung	Einsparpotential [%]
1	Energieschirm	20 bis 40
2	Abdichtung von Scheiben und Lüftungen	10 bis 20
3	Heizungssystem	10 bis 18
4	Optimierung der Kesselanlage	10 bis 15
5	Klimaregelung	10 bis 20
6	Bessere Flächennutzung, Anbauplanung	10
7	Isolierung und Spezialverglasung	7 bis 10
8	Messfühler	5 bis 10
9	Bewässerung	5 bis 10
10	CO_2-Düngung	5

Doppelverglasung aus zwei Einzelscheiben

Bei einer Doppelverglasung aus zwei Einzelscheiben kann es zwischen den Scheiben zum Auftreten von Kondenswasser kommen. Algenbildung und Schmutzansammlung sind mögliche Folgen, die zu einer erheblichen Verringerung der Lichtdurchlässigkeit führen.

14.4 Verringerung der Gewächshausoberfläche

Wärmeverluste erfolgen fast ausschließlich über die Hüllfläche eines Gewächshauses. Verluste über den Gewächshausboden sind vernachlässigbar. Bei einem kleinen, einzeln stehenden Gewächshaus beträgt das Verhältnis von Hüllfläche (Oberfläche) zu Gewächshausgrundfläche etwa 1,8 : 1. Pro Quadratmeter Grundfläche müssen demnach 1,8 m² Hüllfläche geheizt werden. Bei einem Normgewächshaus mit 1000 m² Grundfläche verbessert sich das Verhältnis auf etwa 1,5 : 1. Ein Venlo-Block mit 10 000 m² Grundfläche erreicht ein Verhältnis von 1,2 : 1. Im gleichen Maße wie das Hüllflächen-/Grundflächenverhältnis kleiner wird sinken auch die Heizkosten. Beim beschriebenen Venlo-Block werden im Vergleich zum ersten Beispiel nur zwei Drittel der Heizenergie pro Quadratmeter Grundfläche benötigt. Durch das Verbinden bereits bestehender Häuser mit Zwischenbauten lassen sich ähnliche Effekte erzielen. Allerdings darf die Lüftungswirkung durch diese Maßnahmen nicht zu stark beeinträchtigt werden.

14.5 Klimaregelung

Eine Senkung des Energieverbrauchs über die Klimaregelung ist nur durch den Einsatz spezieller Regelstrategien möglich. Diese setzen das Vorhandensein von Regelgeräten bzw. Klimacomputern voraus. Bundesweit setzen nur etwa 42 % der Gartenbaubetriebe einen Klimacomputer ein. Bei knapp 10 % der Betriebe ist eine Kombination aus Klimacomputer und einzelnen Regelgeräten verbreitet und 46 % nutzen ausschließlich einzelne Regelgeräte. Wenige, ältere kleine Betriebe setzen gar keine Regelungstechnik ein. Über eine optimale Steuerung der Klimaregelung ist eine Senkung des Energieverbrauches um über 10 % möglich.

Die vorhandene Regelungstechnik sollte regelmäßig gewartet werden. Dabei ist es auch wichtig, alle Einstellungen und Sollwerte zu überprüfen. Die Einsparungen sind dann am größten, wenn Heizung, Lüftung und Bewässerung aufeinander abgestimmt werden, da zeitliche Überlappungen von zum Beispiel Heizung und Lüftung sonst zu großen Verlusten führen. Dynamische Regelstrategien (siehe Kap. 13.4.3) können dabei in besonderem Maße zur Energieeinsparung beitragen.

Messfühler

Ohne das präzise Arbeiten von Messfühlern und Sensoren ist eine moderne Klimaregelung nicht möglich. Um dies zu gewährleisten, sollten Messgeräte regelmäßig gewartet und auf ihre Funktion geprüft werden. Bei der Auswahl ist darauf zu achten, dass Temperatur- und Luftfeuchtefühler mit Strahlenschutz und Ventilierung versehen sind, da sie ständig der Globalstrahlung ausgesetzt sind. Kapazitive Feuchtesensoren sollten gegenüber herkömmlichen Psychrometern bevorzugt werden, da sie nicht austrocknen können und somit zuverlässiger sind. Mittlerweile gibt es auch kaum noch Preisunterschiede. Besonders wichtig ist die richtige Platzierung der Temperatur- und Feuchtefühler in Pflanzennähe.

Service

Verwendete Literatur

altmayer BTD GmbH & Co. KG, www.altmayerBTD.de.

BACKHAUS-CYSYK, T. (2002): Sterne unter Folie. Das Taspo Magazin 12.

Belimo-Firmenprospekt: Regel-Kugelhahn.

Betriebssicherheitsverordnung (BetrSichV) vom 27. September 2002 (BGBl. I, Nr. 70, S. 3777, ausgegeben am 2. Oktober 2002).

Bosch Thermotechnik GmbH, Buderus Deutschland, www.buderus.de.

BRÖKELAND, R. (2001): Holz als Brennstoff im Gartenbau. KTBL-Veröffentlichung 0699.

BRUNKO, W. und WACHMANN, H. (2007): Foliengewächshäuser bauen. DEGA 27.

C. A. R. M. E. N. e. V. (2011): Preis-Vergleich Brennstoffe. Straubing. www.carmen-ev.de.

DEGEN, M. und SCHRADER, K. (2009): Der Gärtner 1, Grundwissen für Gärtner. 2., völlig neu bearbeitete Aufl., Verlag Eugen Ulmer, Stuttgart.

Firmenprospekt Drossbach – Agro-Drip.

Energieagentur NRW (2011): www.ea-nrw.de, Stand: 14.03.2011.

EnEV (2009): Verordnung zur Änderung der Energieeinsparverordnung. Bundesgesetzblatt Teil I Nr. 23, 2009.

Erste Verordnung zur Durchführung des Bundes-Immissionsschutzgesetzes (1. BImSchV) in der Neufassung vom 26. Januar 2010 (BGBl. I, S. 38), Inkrafttreten am 28. März 2010.

Fachagentur Nachwachsende Rohstoffe e. V. (FNR) (2007): Handbuch Bioenergie-Kleinanlagen. Hofplatz 1, 18276 Gülzow, Internet: www.fnr.de.

Gartenbaureport 12 / 2008: Transmissionseigenschaften verschiedener Bedachungsmaterialien.

HAAS, K.-P. (2002): Foliengewächshauskonstruktionen. KTBL-Veröffentlichung 0702.

http.//de.wikipedia.org / wiki / Abgasmessung, 07.03.2011.

Institut für Technik in Gartenbau und Landwirtschaft der Universität Hannover: Gartenbautechnische Informationen 1999.

Institut für wirtschaftliche Oelheizung e. V. (Hrsg.): Heizöllagerung. Sichere Wärme auf Vorrat. Infoprospekt.

Institut für wirtschaftliche Oelheizung e. V. (Hrsg.) (2002): Lagerung von Heizöl EL.

Institut für wirtschaftliche Oelheizung e. V. (Hrsg.) (2009): Technische Regeln Ölanlagen. TRÖl, Nr. 1.5, 06 / 2009.

Institut für wirtschaftliche Oelheizung e. V. (Hrsg.) (2010): Heizöl EL – Produkt und Anwendung.

KALTSCHMITT, M., HARTMANN, H. und HOFBAUER, H. (Hrsg.) (2009): Energie aus Biomasse. 2. Aufl., Springer Verlag, Heidelberg, Dordrecht, London, New York.

KÖHLER, L. (2008): Wärmeübertragung und Wärmeschutz. DEGA 15, 35–36.

KRÖTZ, H. (2005): Langjährige Erfahrungen mit Luftpolsterfolie zur Gewächshauseindeckung. Gesellschaft für Kunststoffe im Landbau e. V. (Hrsg.): GKL-Jahrestagung 2005, Einsatz von Gewächshausbedachungen – Innovationen und Erfahrungen.

KTBL (Hrsg.) (1988): Bewässerung im Gartenbau. Landwirtschaftsverlag GmbH, Münster-Hiltrup.

KTBL-Heft: Energieeinsatz im Unterglasgartenbau. Best.-Nr. 29027.

Loos Deutschland GmbH, Gunzenhausen: www.loos.de.

MAWERA Holzfeuerungsanlagen Gesellschaft mbH, Hard am Bodensee: www.mawera.at.

Ministerium für Ernährung und ländlichen Raum BW (Hrsg.): Energieträger im Gartenbau. http://www.mlr.baden-wuerttemberg.de/mlr/allgemein/Energietraeger%20im%20Gartenbau.pdf.

MÜLLER, N. (Hrsg.) (2005): Der Gärtner 2, Zierpflanzenbau, Friedhofsgärtnerei, Verkauf. Verlag Eugen Ulmer, Stuttgart.

RECKNAGEL, H., SPRENGER, E. und HÖNMANN, W. (1988/89): Taschenbuch für Heizung + Klimatechnik. Oldenbourg Verlag, S. 75.

REISINGER, G. und HOFMANN, T. (2007): Folie oder Glas. Gemüsebau Praxis 1.

RUHRGAS AG (Hrsg.) (1995): Erdgas im Gartenbau. 3. Aufl., Essen.

Sächsische Landesanstalt für Landwirtschaft (Hrsg.) (2007): Energiekonzepte für den Gartenbau. Heft 20.

SACHWEH, U. (Hrsg.) (2001): Der Gärtner 1, Grundlagen des Gartenbaues. 4. Aufl., Verlag Eugen Ulmer, Stuttgart.

SCHOCKERT, K. (2003): Gewächshauskonstruktionen für feste Bedachungsmaterialien. KTBL-Arbeitsblatt 0707.

SCHULTZ, W. (1997): Folien für die Gewächshausbedachung. KTBL-Arbeitsblatt 0687.

STAHL, G. (2007): Tipps zu Folienhäusern. Deutsche Baumschule 12.

TANTAU, H.-J. (1983): Handbuch des Erwerbsgärtners, Heizungsanlagen im Gartenbau. Verlag Eugen Ulmer, Stuttgart.

TANTAU, H.-J. (1995): Neue Temperaturregelstrategien. KTBL-Veröffentlichung 0678.

TANTAU, H.-J. (2004): Heizungssysteme im Gewächshaus. KTBL-Veröffentlichung 0711.

UEHRE, P. (2004): Klimahallen in Gartenbaumschulen. Das Taspo Magazin 1.

U Gaat Bouwen B. V. (Hrsg.) (2009): Gewächshausbau 09 Nr. 2. Langpoort 2, 6001CL Weert. Postbus 10242, 6000 GE Weert, Niederlande.

ULBRICHT, A. und LAMBRECHT, S. (2008): Optimierte Produktion im Gewächshaus durch besseres Licht? Gartenbau Report 12.

VDI-Richtlinie 2035: Vermeidung von Schäden in Warmwasserheizanlagen.

VELMANS, H. (1993a): Wissen für junge Gärtner 3. Gewächshausheizung III. DEGA 30.

VELMANS, H. (1993b): Wissen für junge Gärtner 3. Gewächshausheizung IV. DEGA 32.

VELMANS, H. (1993c): Wissen für junge Gärtner 3. Gewächshausheizung V. DEGA 40.

VELMANS, H. (1993d): Wissen für junge Gärtner 3. Gewächshausheizung VI. DEGA 42.

Viessmann Werke GmbH & Co KG, Allendorf, www.viessmann.com.

VON HAENEL, M. (2011): Max-Planck-Institut für Kohlenforschung, www.braunkohle-forum.de, Stand: 14.03.2011.

VON ZABELTITZ, C. (1986): Gewächshäuser. Eugen Ulmer Verlag, Stuttgart.

VON ZABELTITZ, C. (1995): Energieeinsparung und alternative Energiequellen im Gartenbau. Verlag Eugen Ulmer, Stuttgart.

WIJCHMAN, G. (2002): Wenn eine Freilandpflanze wählen dürfte ... Das Taspo Magazin 12.

www.bgt.uni-hannover.de

www.erdgas.ch

www.holzhandel-holz.de

DIN-Normen

DIN 1055, Lastannahmen im Hochbau, Beuth Verlag, Berlin, 2005.

DIN 4102, Brandverhalten von Baustoffen. Beuth Verlag, Berlin, 1998.

DIN 6608-D, Lagerbehälter aus Stahl, 1989 (zurückgezogen, jetzt DIN 12285), Beuth Verlag, Berlin.

DIN 51402-1, Prüfung der Abgase von Ölfeuerungen; Visuelle und photometrische Bestimmung der Rußzahl. Beuth Verlag, Berlin, 1986.

DIN EN 1125, Schlösser und Baubeschläge – Paniktürverschlüsse mit horizontaler Betätigungsstange für Türen in Rettungswegen – Anforderungen und Prüfverfahren. Beuth Verlag, Berlin, 2008.

DIN EN 13031-1, Gewächshäuser – Bemessung und Konstruktion – Teil 1: Kulturgewächshäuser. Beuth Verlag, Berlin, 2003.

DIN EN 13206, Thermoplastische Abdeckfolien für den Einsatz in der Landwirtschaft und im Gartenbau. Beuth Verlag, Berlin, 2001.

DIN V 11535-1, Gewächshäuser – Teil 1: Ausführung und Berechnung. Beuth Verlag, Berlin, 1998.

DIN V 11535-2, Gewächshäuser – Teil 2: Stahl- und Aluminiumbauart 12,80 m breit mit dem Rastermaß von 3,065 m in Längsrichtung. Beuth Verlag, Berlin, 1994.

Maßgebend für das Anwenden der DIN-Normen ist deren Fassung mit dem neuesten Ausgabedatum, die bei der Beuth Verlag GmbH, Burggrafenstr. 6, 10787 Berlin, erhältlich ist.

Bildquellen

Titelfoto:
Rabensteiner GmbH, Schorndorf

Farbtafeln:
Dietrich, Rainer; Schorndorf: Abb. 1 und 4 (vordere Umschlaginnenseite), Abb. 6 (hintere Umschlaginnenseite)
Doll Wärmetechnik GmbH; Mössingen: Abb. 2 (vordere Umschlaginnenseite)
Loos Deutschland GmbH; Gunzenhausen: Abb. 3 (vordere Umschlaginnenseite)
MAWERA Holzfeuerungsanlagen Gesellschaft m.b.H.; Hard am Bodensee: Abb. 5 (hintere Umschlaginnenseite)

Schwarzweißabbildungen:
BELIMO Stellantriebe Vertriebs GmbH; Hinwil: Abb. 56
Bosch Thermotechnik GmbH, Buderus Deutschland; Esslingen: Abb. Seite 63
Dietrich, Rainer; Schorndorf: Abb. 17, 23, 28, 34, 47
Doll Wärmetechnik GmbH; Mössingen: Abb. 46, 49
Forschungszentrum Jülich GmbH, Gerhard Reisinger; Jülich: Abb. 12
Lokau, Siegfried; Bochum-Wattenscheid: Abb. 6, 7, 8, 10, 11, 13, 14, 24, 25, 26, 27, 30, 32, 33, 35, 36, 37, 38, 39, 40, 41, 42, 44, 45, 50, 51, 52, 53, 54, 55 sowie die Abbildungen für Tabelle 1 (alle Abb. wurden nach Angaben der Autoren bzw. den angegebenen Quellen angefertigt)
Piestricow, Artur; Stuttgart: Abb. 1, 2, 3, 4, 5, 9, 18, 19, 21, 22 (alle entnommen aus DEGEN / SCHRADER, „Der Gärtner 1, Grundwissen für Gärtner“, 2. Aufl., Verlag Eugen Ulmer, Stuttgart)
Rabensteiner GmbH; Schorndorf: Abb. 16
Schrader, Karl; Bad Boll: Abb. Seite 5, Abb. 20, 29, 48
Siedenburger Gewächshausbau GmbH & Co. KG; Rahden: Abb. 15
Tantau, H.-J., Hannover: Abb. 43
Viessmann Werke GmbH & Co. KG; Allendorf (Eder): Abb. 31

Register

T

Zu den Autoren

Karl Schrader, geb. 1960, Dipl.-Ing. agr., Berufsschullehrer an der Justus-von-Liebig-Schule in Göppingen, Lehrbeauftragter für die Ausbildung wissenschaftlicher und technischer Lehrer im Berufsfeld Agrarwirtschaft am Staatlichen Seminar für Didaktik und Lehrerbildung (Berufliche Schulen) in Stuttgart, Schulbuchautor für den Verlag Eugen Ulmer.

Rainer Dietrich, geb. 1957, Dipl.-Ing. Maschinenbau, Geschäftsführer der Firma RAINER DIETRICH Gewächshausbeheizung und Energieberatung GmbH, Kernkompetenzen sind die Planung und der Bau von Heizungsanlagen für Gewächshäuser, Verkaufsanlagen und Gartencenter.

Bibliografische Information der Deutschen Nationalbibliothek
Die Deutsche Nationalbibliothek verzeichnet diese Publikation in der Deutschen Nationalbibliografie; detaillierte bibliografische Daten sind im Internet über http://dnb.d-nb.de abrufbar.

Wollgrasweg 41, 70599 Stuttgart (Hohenheim)
E-Mail: info@ulmer.de
Internet: www.ulmer.de
Umschlaggestaltung: Atelier Reichert, Stuttgart
Lektorat: Dr. Angelika Jansen, Birgit Schüller
Satz: pagina GmbH, Tübingen
Repro: Medienfabrik, Stuttgart
Druck und Bindung: Friedrich Pustet, Regensburg
Printed in Germany

ISBN 978-3-8001-7582-6